世界第一簡單
電路學

飯田芳一◎著
山田ガレキ◎畫
大同大學機械系教授　葉隆吉◎審訂
ジーグレイプ株式会社◎製作　陳銘博◎譯

漫畫→圖解→說明

前言

　　對於想要學習電學的人而言，電氣迴路可以說是第一道關卡。如果無法跨越電氣迴路這一道難關的話，要理解更進一步有關發電、輸電和電子電路等內容，就會變得困難重重。然而就算是有心想學習電氣迴路，往往也會因裡頭的數學和公式等等這類生硬的內容，讓人因摸不著頭緒而望塵而卻步。

　　本書出版的目的，就在於為了讓想要開始學習電氣迴路的讀者們，能盡可能地在輕鬆愉快的氣氛下，理解電氣迴路。書中主角修斯和歌絲摩這一對雙人搭擋，在平行的這個虛擬世界中，挑戰著各種電氣迴路問題。從直流電路到交流電路，從發電到輸電，一步一步地勇於接受挑戰。希望各位在閱讀的同時，也能和修斯、歌絲摩一起進行思考，進而享受到解開問題時的喜悅，繼而讓自己的等級進一步提升。千萬不要輸給修斯和歌絲摩喔！

　　只要閱讀過本書的讀者，如果有一位因此而對電氣迴路產生更多的理解、更加地感到有興趣，這就是身處電學領域的我們最大的喜悅了。如果各位能成功地跨越電氣迴路這第一道難關，請繼續挑戰平行世界更遠處、且更有趣美妙的電學技術世界，以及更遙遠處的智慧電網和太空太陽能發電的世界。

　　最後，我要藉此機會感謝本書得以出版的相關協助人員。負責漫畫繪製的山田ガレキ老師、負責編輯製作的Pulse Creative House的製作群、給予我執筆編寫本書機會的OHM社開發局夥伴，以及其他參與本書出版的朋友們，謝謝你們！

2010年2月　　　　　　　　　　　　　　　　　　　飯田芳一

目　錄

●第 5 章　發電・輸電

序幕

○○大學
研究室

差不多了！只要能夠捕捉到粒子，新型能源的時代即將降臨。

電氣工學教授
增田洋太

成功的話，我不就是名人了嗎……
我製作的遊戲也能大賣吧？

彩子，待會這數據也要下載到這台電腦裡，幫我準備一下。

好的。

電氣工學教授
增田彩子

老公，都準備好了哦。

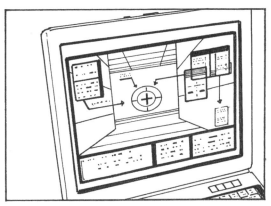

來吧！
要開始了！

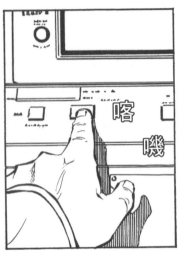

喀
嘰

超真空裝置運轉，
真空能量正常！

隆～
隆～

面板溫度
上升當中。

很好！
面板捕捉到能量了。

開始釋放熱電子……
變頻器開始動作……

嗡～　　嗡～

開始輸出交流電……

很好！非常順利。

彩子，
開始下載。

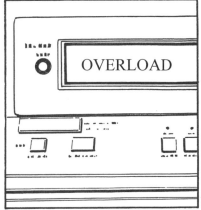

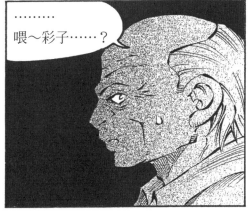

無聲～～

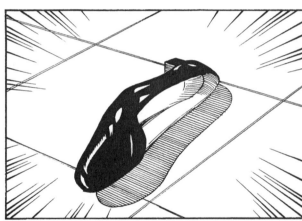

喂～
彩子……？

妳在哪裡？

喂～！
彩子～！

4

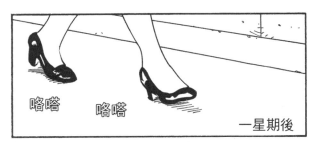

略嗒　　略嗒

一星期後

增田研究室

叩叩叩

上星期應該……
也是在玩遊戲
吧！

我曉得了，
馬上過去。

教授，
都準備好了。

麻煩您到實
驗室。

教授助理
研究生
越模麗

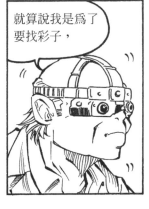

就算說我是爲了
要找彩子，

但應該不用連玩遊
戲這部分也要照做
一次吧……

喀嚓

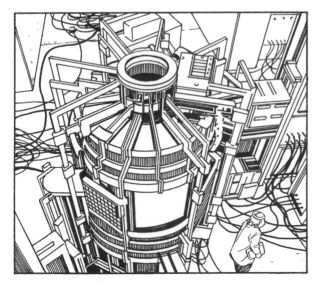

教授，步驟都要和上星期一樣對吧？實驗要開始囉。

不管那麼多了！就上吧！

超眞空裝置準備完畢。

上星期也是像這樣玩遊戲對吧？現在的狀況應該和上星期一模一樣了吧？

當然……但我遊戲玩到一半時把電腦拿去和主電腦連線了，所以要備份數據。

教授助理
研究生
火渦要

那麼請教授將那台電腦和主電腦也連線吧。

超眞空裝置啓動！

喀嘰

實驗開始
——!!

哇啊啊啊～

怎麼了？

這是怎麼一回事？

呀！

嗚哇！

磅～～

喀噠 喀噠

GAME

START

磅

嗄嘎～

無聲——

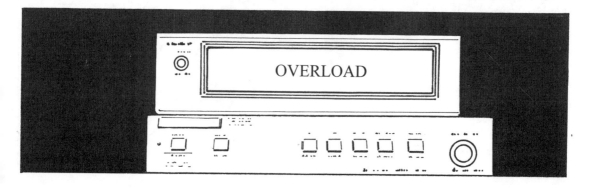

OVERLOAD

第 1 章
電是什麼？

喂！你們幾個！

這件事你們打算要怎麼解決？

平行世界裡
越模麗的分身角色
歌絲摩

嗚～
好痛……

哇！

哎呀！
歹勢歹勢。

修斯！
今天抓到的比平常還多呢。

撿　撿

哼～
哼～♪

真對不起，
你沒受傷吧？

好痛……被人像這樣撞，是這星期第二次了，最近的天氣到底是怎麼搞的？

14

這樣啊，太好了，彩子也在這個世界……

好！馬上出發去找。

可不可以麻煩你們帶我到那個城鎮去。

當然不會讓你們做白工，只要是我辦得到的事，我什麼都做。

大叔，不要忘了你剛講的話唷。

好吧。
我們也有事要到「交流之鎮」一趟，就帶你們去吧!!

天下可是沒有白吃的午餐。

感激不盡！既然說定了，就先來做個自我介紹吧。

我叫增田洋太，在大學裡教電氣迴電路。

指

這兩個人是我的助理。

我是火渦要，請多指教！

我是越模麗。大家好好相處吧！

還有，

你們就叫我洋太大師吧。

從空中掉下來的那美女是我的妻子，她同樣也是在大學裡教電氣迴路。

不是大師，而叫博士才對吧？

小聲說……

16

什麼!?
大叔是在教電氣迴路的嗎？
實在是太巧了。

爲了賺學費和以後的生活費，

我們趁放假在兼差，捉零件拿去賣。

不過只賣零件是賺不了大錢的。

要是能夠做成「電氣迴路」的話，要賺錢就快多了，

可是我們兩個人對「電路」的事都還不太懂。

就讓我來教你們吧。

修斯，首先是基礎中的基礎，

就從電是什麼開始吧……

我知道電有分正和負。還知道電氣迴路是一種，

使用電阻、線圈、電容組成的封閉迴路。

當然歐姆定律我是一定……

哼哼

喂！火渦！你來幫我確認一下，這小朋友對電的知識了解多少？就先把他交給你了。我倒是看到了一些有趣的東西……

嗯～

燈泡和電池是嗎……

●原子核和電子

 你應該曉得電就是「自由電子的移動」吧？
物質全部都是由原子所組成，我們就用鐵作爲物質的例子好了。你了解原子的構造嗎？

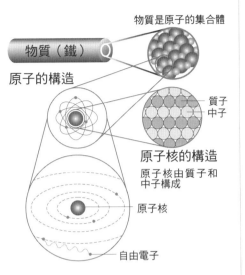

物質是原子的集合體

物質（鐵）

原子的構造

質子
中子

原子核的構造
原子核由質子和
中子構成

原子核

自由電子

 嗯，我知道。原子核和電子對吧？

 沒錯。原子核是由質子和中子組成，其中質子帶正電。

 電子則是繞著原子核轉。

 沒錯。而繞著原子核轉的電子中，位在最外側、容易脫離軌道的電子，會變成自由電子。自由電子的移動就形成了電流。

毛皮

樹脂板

以毛皮摩擦樹脂板

 我說了，這些我知道啊。

●靜電感應

 別那麼不耐煩嘛。做任何事情，最重要的就是要打好基礎，所以再忍耐一下吧。眞巧！這裡剛好有樹脂板。還有毛皮！用毛皮摩擦樹脂就會帶電。
這個靜電感應的機制就是電容的原理。

毛皮帶正電，樹脂板帶負電

 這我知道啦！

 這我可是第一次聽到呢。又不是只有教修斯，也要教我對吧？

金屬

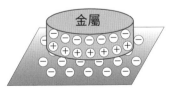

將金屬放在帶負電的樹脂板上，金屬兩側中靠近樹脂板的那一側會帶正電，另一側則會帶負電

天色變暗了，今天就在這裡野營吧。

哇！好亮！

喀嚓

明亮

嘿！大叔，多做一點這種東西嘛。一定可以賣到不錯的價錢的。

擺臀

扭腰

不要叫我大叔！

要叫我洋太大師！

有了電燈，馬車也變得更像樣了。

要是這東西眞的能賣錢的話，妳要幾個我都做給妳。

光亮

2. 電的功能

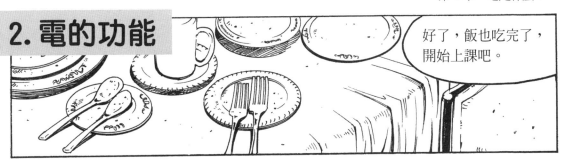

好了，飯也吃完了，開始上課吧。

讓電產生功能的東西就叫做電氣迴路。

在電路中流動的東西就叫電流。

還有，電流有三大效應。

嗯嗯

嗯嗯

嗯哼

第一種，電流的熱效應。

我手上拿的是鎳鉻電熱絲和電池，把它們連接起來的話，

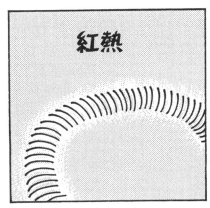

紅熱

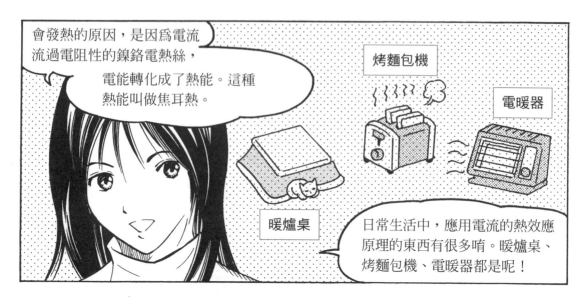

會發熱的原因，是因爲電流流過電阻性的鎳鉻電熱絲，電能轉化成了熱能。這種熱能叫做焦耳熱。

烤麵包機

電暖器

暖爐桌

日常生活中，應用電流的熱效應原理的東西有很多唷。暖爐桌、烤麵包機、電暖器都是呢！

第二種，電流的磁（電磁場）效應。

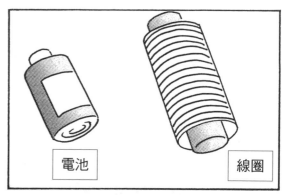

電池

線圈

當電流流過線圈，線圈的周圍便會產生磁場。

現在這個線圈裡插入了鐵芯，磁力線數目變多。也就是說磁通量密度提高了。

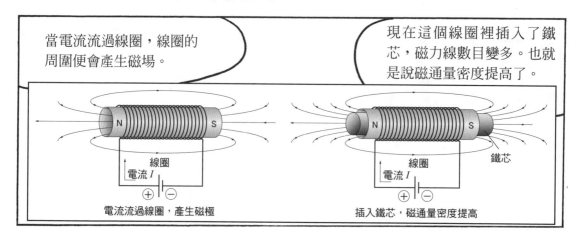

線圈
電流 I
電流流過線圈，產生磁極

線圈
電流 I
鐵芯
插入鐵芯，磁通量密度提高

還有一種叫做電磁爐的電器。

應用這種效應的東西有電視機、收音機、手機等等。

電視機

收音機

手機

用電磁爐做菜不必用到火，所以很安全。而且又環保，真的是很棒的東西喔。

咦？越模小姐，妳會做菜啊？

僵

砰

第三種，電流的化學效應。

拿電池來說，就是利用化學反應產生電流，但電流也能夠使水產生化學反應，分解出氫和氧。

右邊是鹼性乾電池的構造圖。

這種電池是藉由二氧化錳和鋅的氧化還原作用，產生電動勢。電解液是幫助電流流動的液體。這電池放電完後就無法再使用，但也有充電後就能夠再使用的電池。

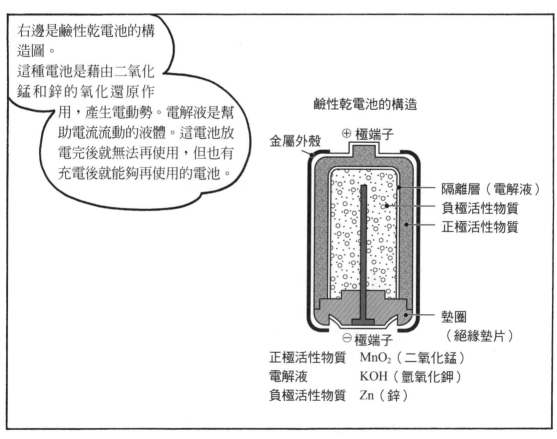

鹼性乾電池的構造

金屬外殼　⊕ 極端子

隔離層（電解液）
負極活性物質
正極活性物質

墊圈
（絕緣墊片）

⊖ 極端子

正極活性物質	MnO₂（二氧化錳）
電解液	KOH（氫氧化鉀）
負極活性物質	Zn（鋅）

還有這個，水的
電解。

水的電解是指將電通入水中，使氫和
氧起離子化反應的過程。此時，氫的
電子被拿走而成為正離子，氧則變成
OH$^-$ 負離子。

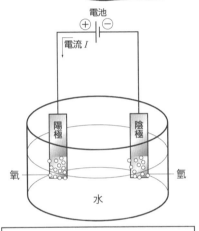

電池

電流 I

陽極　　陰極

氧　　　　　　　　　氫

水

陽極產生氧
陰極產生氫

此時，水的化學反應如下：
$4H_2O \rightarrow 4H^+$（氫離子）$+ 4OH^-$
　　　　　　　　　　　（氫氧根離子）

$4H^+$（氫離子）$+ 4\ominus \rightarrow 2H_2\uparrow$
$4OH^-$（氫氧根離子）$\rightarrow 2H_2O + O_2$

以上簡單地說明了
電的功能，

都理解了嗎？

理解了！

25

窸窸
窣窣

歌絲摩，妳看！
手電筒！

哇～！
謝謝！

洋太大師，
請您要再多
做一些唷！

包在我身上！

如果這裡是遊戲裡的世界，應
該會出現以下的遊戲進度說明
吧！「修斯的等級上升。修斯學到
了一些電學知識。歌絲摩的等級上
升。歌絲摩獲得了商品」？

第 2 章
直流電路

咦…？

電氣迴路
遊戲試作

這不是
我還沒製作完成的遊戲備份
嗎？為什麼會在這裡……

1. 串聯電路

該不會……
電腦
也在這裡吧？

沙沙

沙沙

窸窣
窸窣

只有DVD嗎？可是總覺得在
這世界好像會有我的電腦。
唔……是不是應該找找看其
他的地方？

看

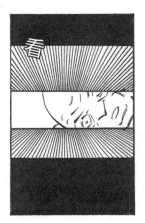

起身

沙沙

你們兩個看看這個！看來我的電腦應該在這個世界裡。只要把資料解析出來，說不定我們就能夠回到原來的世界！

拿出

可是，要到哪裡去找呢？這世界比想像中還大呢。

但是呢！比起去找電腦，我們現在應該先找到彩子。等找到彩子後再來想，能不能回得去原來的世界才對！

對了，歌絲摩！我做了這東西，小型電熱器。可以賣個好價錢嗎？

哇～

各位！
我們就在這附近打個獵吧！

這裡有很多電燈泡和電池。

大哥也來幫我的忙吧。

OK！

我在這裡把網子張開，

大哥從另一邊把它們趕進來！

大哥，
你的運動量是不是有點不足啊？

呼呼

呼呼

精疲力盡

男人不強壯一點的話是不行的，

不然，你可是會跟不上越模姊唷。

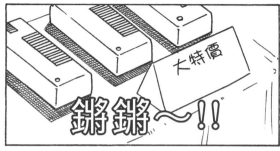

大特價

鏘鏘～！！

呐！
我們也到那邊
擺攤賺錢吧！

冒出

我們可以走隧道通過那座山脈。

進入隧道之前,中途會有一個「直流電路之鎮」,照理來說電應該會輸送到那裡去。

但是,電卻沒有從那裡再接著輸送到這裡來。

不曉得是什麼原因，造成現在這個停電的狀況？

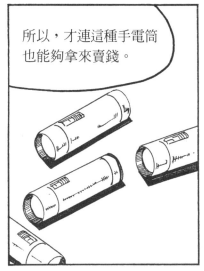

所以，才連這種手電筒也能夠拿來賣錢。

原來妳根本就不覺得它值錢……

呼咻～～

是大師的話，就做一些價值更高的東西嘛。

推

推

妳說的也沒錯。我就來想想看有沒有什麼更有趣的東西。

太好了～說定了哦！

33

嗯～

東張西望

拿一支那個東西來試試看好了。

喂，修斯！這附近有沒有馬達和開關？

唔，有哦。不過馬達蠻難對付，還有點難捉吧。開關的話，應該就長在那一帶的樹上。

這樣的話，修斯和火渦就負責馬達……

歌絲摩和越模負責去找開關。

34

歌絲摩，
開關在哪裡呀？

再前面一點，
就在河的附近。

啪噠

啪噠

歌絲摩，妳和修斯
是什麼關係啊？

我們是從小一起長大
的青梅竹馬，約好將
來要一起……吧？

雖然我不太喜歡
他有時太孩子氣
這一點……

姊姊，
妳喜歡火渦哥，
對吧？

嗯…，
是啊。

不過那傢伙不曉得為什麼，和我說話的時候總是扭扭捏捏的。

扭捏 扭捏 扭捏 扭捏

這不就表示火渦哥也是喜歡姊姊的嗎？

是嗎？那我倒希望他能振作一點，說話時可以直截了當些。

沒問題的！
修斯一定會讓火渦哥變得更加可靠的喔。

我和修斯在一起，也是受到不少的鍛鍊。

啊！

姊姊！
找到了，就是這顆樹！

幹得好！
都找齊了。

那麼就來做電
扇好了。

太棒了 ♡

又可以賺
一筆了～

呵呵 ♡

大豐收！

火渦和越模，你們兩
個人來做電扇。

我來教這兩個年輕人
電氣迴路的知識。

是

好的

那麼，
就開始動手吧！

嗯？

教授好像變得更有精神了耶……

我們要不要來小小捉弄一下教授，看能不能讓他心情更好一點。

首先呢，就從電氣迴路基本中的基本開始。

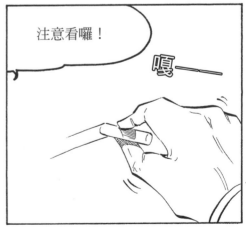

注意看囉！

嗄—

●裝置圖和電路圖

下面的圖分別是小燈泡發光的裝置圖和電路圖。像這樣通有電的線路稱爲電氣迴路，或者簡稱爲電路。

電池代表電源，像燈泡這種接受電的供給而工作的叫做負載，而像開關之類用來控制電流的就叫控制裝置。將這些東西連接起來的路徑叫做配線。

串聯電路是一種簡單的電路型態，只有一個電流迴圈。之前做的手電筒就是屬於串聯電路，現在他們兩個在做的電扇，基本上也是利用串聯電路做出來的。

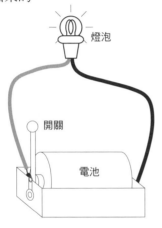

電池接上燈泡的裝置圖

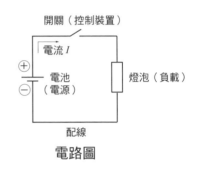

電路圖

接著，在這電路多接上一顆燈泡看看。

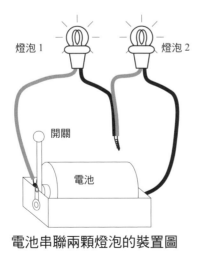

電池串聯兩顆燈泡的裝置圖

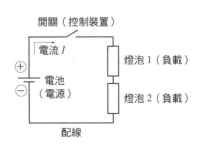

電路圖

啊！燈泡變暗了！

我知道是爲什麼啨！因爲串聯連接，會讓電流 I 減少的關係。

很好，那待會兒就由你試著向歌絲摩說明電流爲什麼會減少。

2. 並聯電路

●裝置圖和電路圖

接下來，把燈泡的連接方式改變一下。

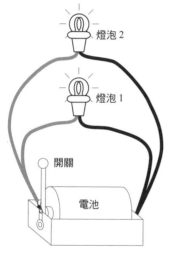

電池並聯兩顆燈泡的裝置圖

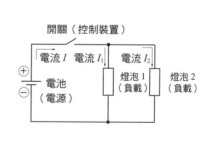

電路圖

燈泡的亮度恢復了！

是的。這種連接方法就叫做並聯電路。在這個電路裡有兩個電流迴圈。修斯，這並聯電路你也有辦法向歌絲摩說明嗎？

當然沒問題！
詳細原因等一下再說明，這裡先說結論：一旦並聯連接之後，電流 I 就會增加。

40

3. 歐姆定律

●基本中的基本「歐姆定律」

聽好囉，歌絲摩。電壓、電流、電阻之間有個叫做「歐姆定律」的關係。
這關係就是「電流的大小和電壓大小成正比，和電阻大小成反比」。
用式子表示的話，就像下面這樣。

$$E = IR \qquad I = \frac{E}{R} \qquad R = \frac{E}{I}$$

這就是「歐姆定律」。所以剛剛的串聯電路，我們假設其中的電壓為 1
〔V〕、電阻為 10〔Ω〕。它的電流是這麼算的，

$$\text{因為} \ I = \frac{E}{R} \ , \text{所以} \ \frac{1}{10} = 0.1 \text{〔A〕}$$

接著來看串聯兩顆燈泡的電路。計算這電路時把兩顆燈泡視為是一個電阻。
這麼一來就是，

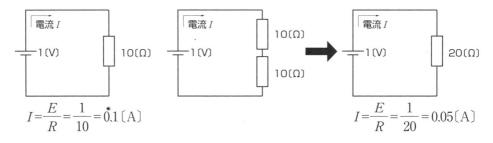

電流變成一半，對吧？所以燈泡才會變暗。

那這個並聯電路呢？

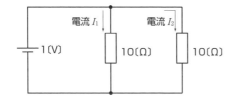

●電路圖和解法

這個電路裡，電流有 I_1 和 I_2 兩條路徑，但不管是哪一條都是相同的電壓和電阻，所以電流 I_1 和 I_2 都是 0.1〔A〕。因此電路總電流 I 會是，

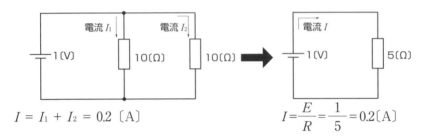

$$I = I_1 + I_2 = 0.2 〔A〕$$

$$I = \frac{E}{R} = \frac{1}{5} = 0.2〔A〕$$

又因為

$$R = \frac{E}{I}$$

所以，總電阻是

$$\frac{1}{0.2} = 5 〔Ω〕$$

大叔，我說明得如何！

不要叫我大叔！叫我洋太大師！不過你講得挺不錯的。兩個人應該都很了解了吧。現在修斯的等級應該是 3，而歌絲摩的話應該是 2。

大叔，啊⋯⋯不對。洋太大師，幹嘛給我們加上等級啦。

別太在意，這只是我個人認為你們的功力到達哪個層級罷了。

洋太大師的功力 **UP** 講座 ①

合成電阻

修斯表現得非常好。我們來做一下練習題，求出下面這個電路的合成電阻。

 例題 1

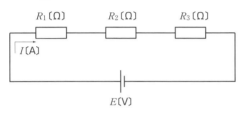

這個簡單！

$$R = R_1 + R_2 + R_3$$

用這式子就能算出合成電阻。

嗯，答對了。下一題是這個。

例題 2

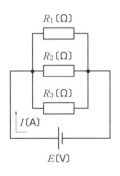

唔！這是？

電阻變成三個就打算放棄，是嗎？

等一下啦，我想想看。
電壓和流進這裡的電流一樣……，從這裡流出去的電流也一樣……

唭，是不是這樣啊？左圖的話，就是
$$E = R_1 I_1 = R_2 I_2 = R_3 I_3$$
$$I = I_1 + I_2 + I_3$$

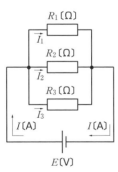

原來如此。再令合成電阻為 R_0，根據歐姆定律，

$$I = \frac{E}{R_0}，所以$$

$$I_1 = \frac{E}{R_1} \;、\; I_2 = \frac{E}{R_2} \;、\; I_3 = \frac{E}{R_3} \;、\; I = \frac{E}{R_1} + \frac{E}{R_2} + \frac{E}{R_3} \quad \text{然後是……}$$

 把 E 提出來，

$$\text{變成 } I = E\left(\frac{1}{R_1} + \frac{1}{R_2} + \frac{1}{R_3}\right)$$

 總之，因為 $I = \dfrac{E}{R_0}$ ，

$$\text{所以 } \frac{1}{R_0} = \frac{1}{R_1} + \frac{1}{R_2} + \frac{1}{R_3}$$

 再把這式子重寫成

$$R_0 \doteqdot \frac{R_1 R_2 R_3}{(R_1 R_2 + R_2 R_3 + R_3 R_1)} \text{，這樣對吧！}$$

 哎呀，歌絲摩眞是令人刮目相看啊。完全正確！
那麼，下面這個問題，應該一看就懂了吧！

例題 3

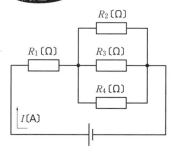

 我知道！把並聯連接
的部分換掉……再把
R_1 和 R_0 相加，就是
這電路的合成電阻！

 非常好！現在修斯的
等級是 4，歌絲摩的
等級是 3。

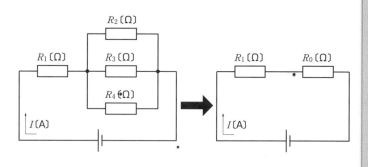

吵吵
鼎沸
嚷嚷
人聲

玩心是不能少的，妳說是不是？妳看！

呵呵

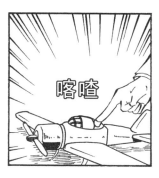

喀喳

咻～

哦哦哦！

好！
要賺錢
就是這裡了！

信心滿滿

姊姊，妳們做了什麼東西呢？

咻～

成功了！

咳咳！

分開

小鬼就是小鬼。

這太好玩了！

咻

～

拿去吧，
這些給妳。

太好囉！要開始
大賺一筆囉！

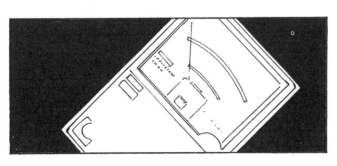

你們看！
這是目前為止賺
最多的一次唷。

沉甸甸

47

幾天前，有沒有一位非常美的美女經過這裡？

我不曉得那位是不是美女啦，但大約一個星期前，我看到有個人被 LSI 載著走了。

你說什麼？
它們往哪個方向去了？

我記得它們進了隧道，所以，鐵定是前往「中繼之鎮」。

好！
立刻出發!!

洋太大師，天色馬上就要暗了唷。

沒辦法繼續走了啦！

派對啦！派對！
教授，今天就在這裡稍做休息吧。
是啊，教授，我們也得在這裡找找電腦才行。
算了算了。
我自己一個人先去也行。
哼
快步
啪
・欸……
怎麼停電了？
從前陣子開始就一直會這樣了，
一下子有電一下子沒電，有時候還會一整天都沒電。
好像有不少城鎮都出了問題，
所以電沒辦法正常地輸送過來。
冒出
在隧道的另一邊有個「發電之鎮」，電都是從那裡輸送過來的。但是……
鎮裡的「電氣館」也發生了問題，
聽說鎮長提出懸賞，能解決問題的人可以獲得賞金。

一聽到跟賺錢有關的事，歌絲摩馬上一頭栽進去呢。

搔搔

賞金！

冒出

再告訴我多一些詳細情形！

碰

真拿她沒辦法。

等明天再問個清楚吧，然後再動身出發到「電氣館」去探一探。

我今天也留在這裡休息好了。

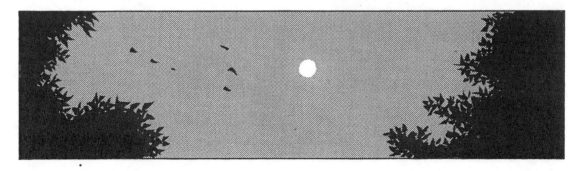

教授，
彩子教授一定會
平安無事的。

廢話！她要是
有什麼事的話，我
立刻就會知道。

只要真心相
愛，就能夠
感覺得到！

真正的愛
是嗎……

我懂！
愛就是能戰勝
一切的力量！

哦　哦　哦！

這大叔語無倫次了。

那種毫無根據
的事情……

哼！你大概還不
曉得什麼是真正
的愛吧？

51

教授，
我們能回到原來
的世界嗎？

這個……

我總覺得，能不能
回得去，關鍵就在
我的電腦。

爲什麼我的 DVD
會在馬車裡呢？

電腦應該就在
這世界的某處
吧。

也許吧，我們到
處找找看吧。

洋太大師，你再
多教我一些利用
電氣迴路製作產
品的方法嘛。

想學是嗎？
那你要再多學一
點基本的東西才
行。

本鎮的用電是從山的另一邊的「發電之鎮」輸送過來的，輸送過程中還會經過各個城鎮。

不久前，這兒的零件開始騷動，罷工不工作了。

它們提出了一些有關電氣迴路的難題題目，還說「要是這問題可以解得開了，我們就回去工作」……

不管怎麼樣，我們就先去電氣館看看吧。

嘎嘎

這裡讓人有點
不想踏進去呢。

不要緊的,
有我陪著妳!

緊握

吶!

伸出

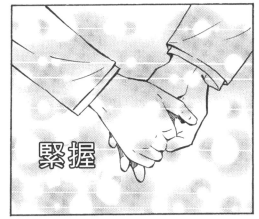

呃……嗯。

緊握

4. 等效電路

啊！
你們幾個，這裡很危險的。

咦？
這裡禁止進入嗎？

也不是不能進去啦，但裡面的零件們正在騷動……

抓抓

一直在胡言亂言，喊著等什麼的、克什麼的……

光是守這裡不讓它們跑出來，就累死我們了。

教授，該不會零件們出的題目……

就是「等效電路」和「克希荷夫定律」吧？

八九不離十。

修斯和歌絲摩，你們兩個都懂「等效電路」和「克希荷夫定律」嗎？

在以前讀過，處理並聯電路的觀念就是「等效電路」對吧？

你說的沒錯。做個例題試試看好了。

等效電路的觀念

 其實，等效電路也是在求合成電阻。所以修斯說得沒錯。但是探討電路時有時也會遇到非常難搞的電路，例如右邊這個。

試試看將這個並聯電路轉換為等效電路。你們可以把所有的電阻都設成 R〔Ω〕。

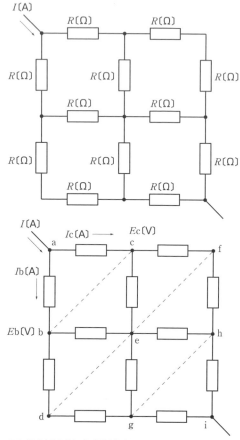

 好！看我的！首先幫各個接點標上不同的記號，接著來看電流 I 的變化。

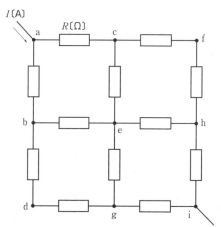

為各接點標上記號方便辨識

以虛線連接上電位差相同接點的話⋯⋯

因為電阻值全部都一樣，所以若令流入 b 點、c 點的電流為

$$I_b = I_c$$

的話，則 b 點、c 點的電壓也會一樣。也就是說，

$$E_b = E_c$$

同樣的觀念，其他各點的電壓的關係是

$$E_d = E_e = E_f,\ E_g = E_h$$

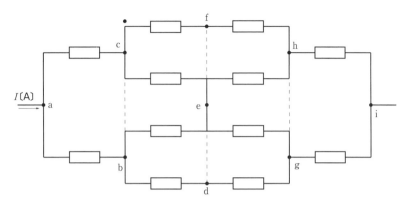

電位差相同的接點，即使用導線連接起來，也不會有電流流通……

 如果電位差相同，就算用導線加以連接也沒有差別！最後就是變成這樣子的等效電路，對吧？

變成這樣的等效電路！

 歌絲摩馬上就理解了呢。
修斯的等級上升到 5，歌絲摩也上升到等級 5。

5. 克希荷夫定律

●電氣迴路理論的基礎

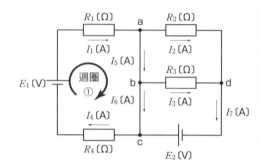

 接下來是克希荷夫定律，是在進行電路計算時最有用的定律之一。只要能夠理解它，不管出現什麼樣的電路都不用怕。修斯，你能求出這電路的合成電阻嗎？

 ‥？＊！‥沒辦法。歐姆定律派不上用場！

 用歐姆定律中串並聯電路的合成電阻公式是解不了這電路的。遇到這種電路，使用克希荷夫定律的話就變得簡單多了。克希荷夫定律包括兩個定律。第一條定律是克希荷夫電流定律——「流入電路某一點的電流之總和，等於流出該點的電流之總和」。第二條定律是克希荷夫電壓定律——「封閉迴路內的電動勢之和，等於負載上的電壓之和」。現在我們回頭來看這張圖，用克希荷夫定律來思考點a。修斯，你來說看看點a的電流。

 是 $I_1 = I_2 + I_5$ 嗎？

 對的。歌絲摩，那點b呢？

 我想應該是 $I_5 = I_3 + I_6$。

 歌絲摩的腦筋果然動得很快。接下來，再來談電壓相關的部分。思考一下左半邊的封閉迴路。電流流向和電壓極性，則以圖中迴圈①的環繞方向為正。

 呃～，左半邊裡的電阻為 R_1 和 R_4，流入這兩個電阻的電流分別是 I_1 和 I_4，所以各自的電壓分別為 $R_1 I_1$ 和 $R_4 I_4$。也就是說，$R_1 I_1 + R_4 I_4$ 等於 E_1。

 很不錯。如果這些都沒問題的話，大概就可以了……。好，我們這就去踢館吧！

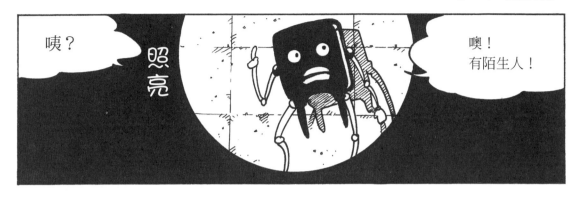

把題目抬出來！

你們，
解得了這個問題嗎？

辦得到嗎？

求出這電路裡的
電流 I_1、I_2、I_3。

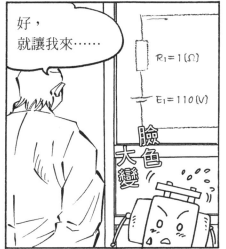

好，
就讓我來……

$R_1 = 1 (\Omega)$

$E_1 = 110 (V)$

臉色
大變

你不行！

你不是這世
界的居民，
所以不行！

我問你，
要是我解得開這個問題
的話，有什麼好處？

轉頭

伸出

我就乖乖地回
去工作。

洋太大師，
這題就交給我吧！

出
現

不會吧！
就這樣而已？
這問題很難耶！

好吧！
那其他的零件們
也會回去工作。

再多加一
點吧！

沒了啦！

板起臉

眞小氣！
不然，你們再多出一題。

然後由我的搭檔來解，所
以，你要再加個獎品喔。

呵
呵

也可以。
但那要先看妳能不能
解開這個問題。

$R_1 = 1 \, (\Omega)$

$E_1 = 110 \, (V)$

叩

叩

搭檔是嗎……

獎品就……

66

這個問題是吧。要求出電流 I_1、I_2、I_3。解法有很多種，我就用最容易懂的，只要在圖裡多畫上兩個迴圈就可以了唷。先看點 A，根據克希荷夫定律，A 點上的電流是

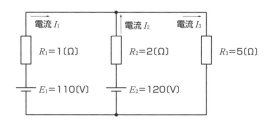

$$I_1 + I_2 = I_3$$

接著從電壓的觀點來思考。首先是迴圈❶。對 A 點來說，I_2 的流向和 E_2 的極性都和迴圈❶環繞方向相反，所以要相減。因此，

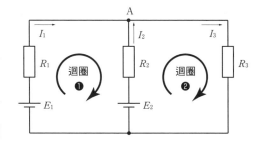

$$I_1 R_1 - I_2 R_2 = E_1 - E_2$$

再來是迴圈❷。I_2 和 I_3 的流向都和迴圈❷方向相同，所以，

$$I_2 R_2 + I_3 R_3 = E_2$$

不錯哦！歌絲摩！

把它們整理一下，

$$I_1 + I_2 = I_3 \cdots\cdots\cdots\cdots\cdots ①$$
$$I_1 R_1 - I_2 R_2 = E_1 - E_2 \cdots ②$$
$$I_2 R_2 + I_3 R_3 = E_2 \cdots\cdots\cdots ③$$

R_1、R_2、R_3 分別是 1〔Ω〕、2〔Ω〕、5〔Ω〕，E_1、E_2 分別是 110〔V〕、120〔V〕，代入②式中，

$$I_1 - 2I_2 = 110 - 120 = -10$$
$$I_1 = 2I_2 - 10 \cdots\cdots\cdots\cdots ④$$

也代入③式中，

$$2I_2 + 5I_3 = 120 \quad \cdots\cdots\cdots\cdots ⑤$$

①式兩邊移位一下，

$$I_3 = I_1 + I_2$$

將之代入⑤式中，

$$2I_2 + 5(I_1 + I_2) = 120$$
$$7I_2 + 5I_1 = 120 \cdots\cdots\cdots\cdots ⑥$$

再將④式代入⑥式中，

$$7I_2 + 5(2I_2 - 10) = 120$$

求出，

$$17I_2 - 50 = 120$$
$$17I_2 = 170$$
$$I_2 = 10$$

利用④式求 I_1，

$$I_1 = 2 \times 10 - 10 = 10$$
$$I_1 = 10$$

利用①式求 I_3，

$$I_3 = 10 + 10 = 20$$
$$I_3 = 20$$

答案就是 $I_1 = 10$〔A〕、$I_2 = 10$〔A〕、$I_3 = 20$〔A〕！

求這電路裡的電流 I_1。電池的內部電阻可以忽略。

 修斯，輪到你了唷！

 呃……好。

 小子，難不成你不會？

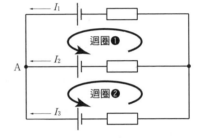

 呃……。這題也是在圖裡畫上A點和迴圈❶、❷，再使用克希荷夫定律來解。先看A點的電流。沒有電流從A點流出，所以

$$I_1 + I_2 + I_3 = 0$$

再來看迴圈❶的電壓，

$$8I_1 - 2I_2 = 6 - 4$$

還有迴圈❷的電壓，

$$2I_2 - 4I_3 = 4 - 2$$

跟歌絲摩剛才的作法一樣，先整理一下式子，

$$I_1 + I_2 + I_3 = 0 \quad\cdots\cdots\cdots\text{①}$$
$$8I_1 - 2I_2 = 6 - 4 = 2 \quad\cdots\cdots\text{②}$$
$$2I_2 - 4I_3 = 4 - 2 = 2 \quad\cdots\cdots\text{③}$$

從①式移項得到

$$I_3 = -(I_1 + I_2) \qquad \cdots\cdots④$$

將④式代入③式中，

$$2I_2 - 4\{-(I_1 + I_2)\} = 2$$
$$2I_2 + 4I_1 + 4I_2 = 2$$
$$6I_2 + 4I_1 = 2 \quad \cdots\cdots⑤$$

從②式變化得到

$$-2I_2 = 2 - 8I_1$$
$$I_2 = 4I_1 - 1 \qquad \cdots\cdots⑥$$

將⑥式代入⑤式中，

$$6(4I_1 - 1) + 4I_1 = 2$$
$$24I_1 - 6 + 4I_1 = 2$$
$$28I_1 = 8$$

$$I_1 = \frac{8}{28} \fallingdotseq 0.29 \,〔A〕$$

答案就是 I_1 約爲 0.29〔A〕！

我認輸了。不過你們之後會遇到交流之鎮的「交流電路」這對手。

氣～

到時，不會讓你們像在這裡一樣輕鬆地過關的。

兩個人都表現得不錯。克希荷夫定律很有用吧？

只要學會了，將來遇到更難的問題，例如不平衡三相交流電路的計算，也用得上唷。

這樣一來你們的等級都提升到6了。

歌絲摩拿到了賞金，我也拿到了電腦的螢幕！成果豐碩！

延伸閱讀

■電能量│指單位時間消耗掉的功率。

電能量〔Ws〕＝功率〔W〕×秒〔s〕＝電壓〔V〕×電流〔A〕×秒〔s〕

電能量能夠換算成焦耳熱，焦耳熱的單位是〔J〕。

1〔J〕＝1〔Ws〕

3600〔Ws〕＝1〔Wh〕

1〔h〕＝60〔min〕×60〔s〕＝3600〔s〕

■電導

電導是表示電流流動難易度的比例常數。是電阻 R 的倒數。

將 $\dfrac{1}{R}$ 置換成 G 來表示電導。

■惠斯登電橋

是一種主要用於量測的電路。

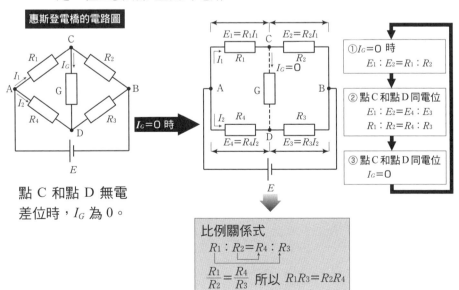

惠斯登電橋的電路圖

$I_G=0$ 時

點 C 和點 D 無電差位時，I_G 為 0。

①$I_G=0$ 時
$E_1：E_2=R_1：R_2$

②點 C 和點 D 同電位
$E_1：E_2=E_4：E_3$
$R_1：R_2=R_4：R_3$

③點 C 和點 D 同電位
$I_G=0$

比例關係式
$R_1：R_2=R_4：R_3$

$\dfrac{R_1}{R_2}=\dfrac{R_4}{R_3}$ 所以 $R_1R_3=R_2R_4$

在含有多個電動勢的電路網路中，各節點的電位或電流等於各電動勢
單獨存在時的電位或電流之總和。亦即，

$$I_1 = I'_1 - I''_1$$
$$I_2 = -I'_2 + I''_2$$
$$I_3 = I'_3 + I''_3$$

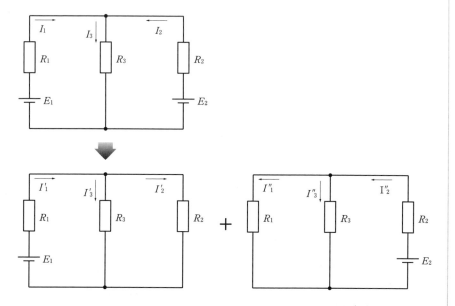

要注意的是，此處是以 I_1、I_2、I_3 的電流方向為正（相加），因此方向
相反時就要相減。

第 3 章
交流電路

1. 電磁感應

零件都回到工作崗位了，但還是暗暗的呢。

閃晃

看來不只是這裡出問題呀。

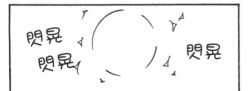

閃晃
閃晃
閃晃

大家看這個！

這裡的電力好像也不怎麼穩定。

啾

啾

小姐，這鎮上的電是從位於隧道另一邊的「交流之鎮」輸送過來的，但電力並不穩定喔。

這裡常常會停電，有時候還會一整天都沒電。應該是隧道另一邊的城鎮出了什麼問題才對。

那你們是怎麼維持這裡的電力的呢？

就不定時踩動這台發電機呀。

真是辛苦吶。

喉

啊！糟糕！

我得快點去領賞金才是！

我去準備，馬上出發了唷！

噠噠

這樣的話，看來問題要留到下個城鎮才能解決了。

嗯……

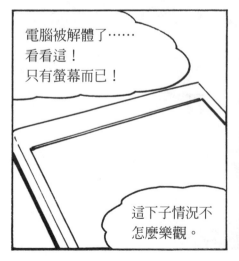

電腦被解體了……
看看這！
只有螢幕而已！

這下子情況不怎麼樂觀。

就算能重新組裝好，有辦法像從前一樣正常運作嗎……

洋太大師！我們快點出發到下個城鎮去吧！

馬車也都準備好了唷！

噠噠

洋太大師，隧道需要燈光，請你再做個什麼東西來用吧。

照

亮

眞太了不起了！

好，不然就做發電機好了。

好耶！

洋太大師，爲什麼這麼簡單的裝置，就能把電燈點亮呢？

電和磁場之間有著密切的關係。當導體在磁場中移動時，就會產生電流。這稱爲「佛來明右手定則」。此時產生的電壓爲：

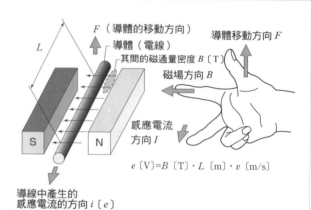

F（導體的移動方向）
導體（電線）
其間的磁通量密度 B〔T〕
磁場方向 B
感應電流方向 I

導體移動方向 F

e〔V〕$=B$〔T〕$\cdot L$〔m〕$\cdot v$〔m/s〕

導線中產生的感應電流的方向 i〔e〕

電壓 e〔V〕＝磁通量密度 B〔T〕×導體長度 L〔m〕×導體的移動速度 v〔m/s〕
我做的發電機是將線圈固定，讓磁鐵旋轉的結構。這種作法能夠讓機械部分比較耐用……。另外，這時產生的電流是交流的。歌絲摩，妳知道什麼是交流嗎？

嗯……我記得交流電的電流和電壓會隨時間變化。

沒錯。還有，交流的變化曲線有三角波、方波、鋸齒波等各種波形。不過我們先學最基本的正弦波。從「正弦波」這個名字就可以知道它和三角函數有關。

發電機的原理
讓磁鐵在線圈內旋轉

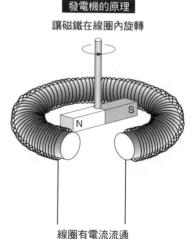

線圈有電流流通

哇，我對三角函數沒輒。

修斯，之後的「交流之鎮」是使用交流電路的，不會的話就麻煩了。

我不想嚇你，但是除了三角函數之外，我們還會運用到向量和積分、微分哦。

看來要頭痛了。

2. 正弦波交流

 你們覺得這發電機發電時，產生的是哪種波形？

 不曉得吶～。

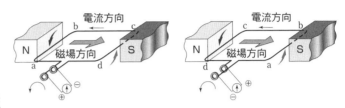

 我們看右邊的圖。它顯示當導線在磁場中旋轉時，會獲得什麼樣的電動勢。所謂的電動勢也就是電壓。

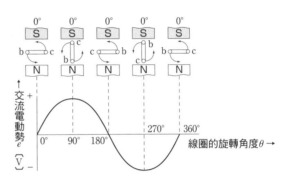

產生的電壓會和導線往垂直方向切割，和磁通量（磁力線）的速度成正比。也就是說，電壓會依旋轉速度和位置而變化。若用圖示來表示它的變化，就如上圖，也就是正弦波。這時產生的電動勢用 e 表示，這個 e 代表瞬時值。設最大值為 E_m，可成立下式的關係：

$$e = E_m \times \sin\theta \ \text{〔V〕}$$

 這裡的 θ 代表導線的角度。線圈和磁通量成直角時 θ 為 90°，轉半圈時 θ 為 180°，轉一圈時 θ 為 360°。要表示旋轉體的角度時，使用弧度法（單位：弧度〔rad〕）。這些關係整理後就如下表。

弧度法

旋轉	$\frac{1}{4}$	$\frac{1}{2}$	1	2
角度〔°〕	90°	180°	360°	720°
弧度〔rad〕	$\frac{\pi}{2}$	π	2π	4π

在發電機等裝置，是使用角速度來表示線圈在一秒內轉了幾圈。角速度的表示符號是 ω（omega），單位為〔rad/s〕。若旋轉 θ〔rad〕需花費時間 t〔s〕，則可表示成：

$$\theta = \omega t$$

所以，前面的交流電動勢的式子便可表示成：

$$e = E_m \sin \omega t \ \text{〔V〕}$$

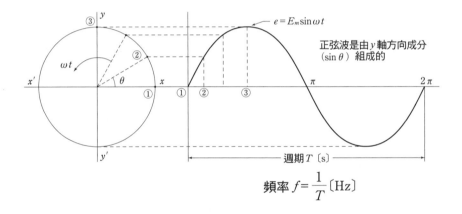

此外，從 0 到 2π 所需的時間（即旋轉一圈所需的時間）稱為週期 T。在一秒裡反覆出現 T 的次數稱為頻率 f，單位為〔Hz〕（赫茲）。到這裡為止還理解嗎？

呃……sin出現了。我沒自信啊～。

船到橋頭自然直，經驗多了自然就沒問題的。

因為修斯說他數學不行，所以他的等級不變。歌絲摩的等級變 7。再這樣下去，歌絲摩可是會比你還更快精通電氣迴路喔。

3. 平均值・有效值

噠

噠噠

肚子餓了！為什麼一做學問就會肚子餓呢？

再往前走一點就是「中繼之鎮」了，我們就在那裡用餐吧。

姊姊，我們再做些什麼來賣吧。

中繼之鎮可是個很多有錢人的城鎮喔，不管是什麼東西都能賣到很高的價錢唷。

呵呵呵

啪

好呀，那麼來做整流電路好了。

希望能拿來跟發電機搭配一起賣。

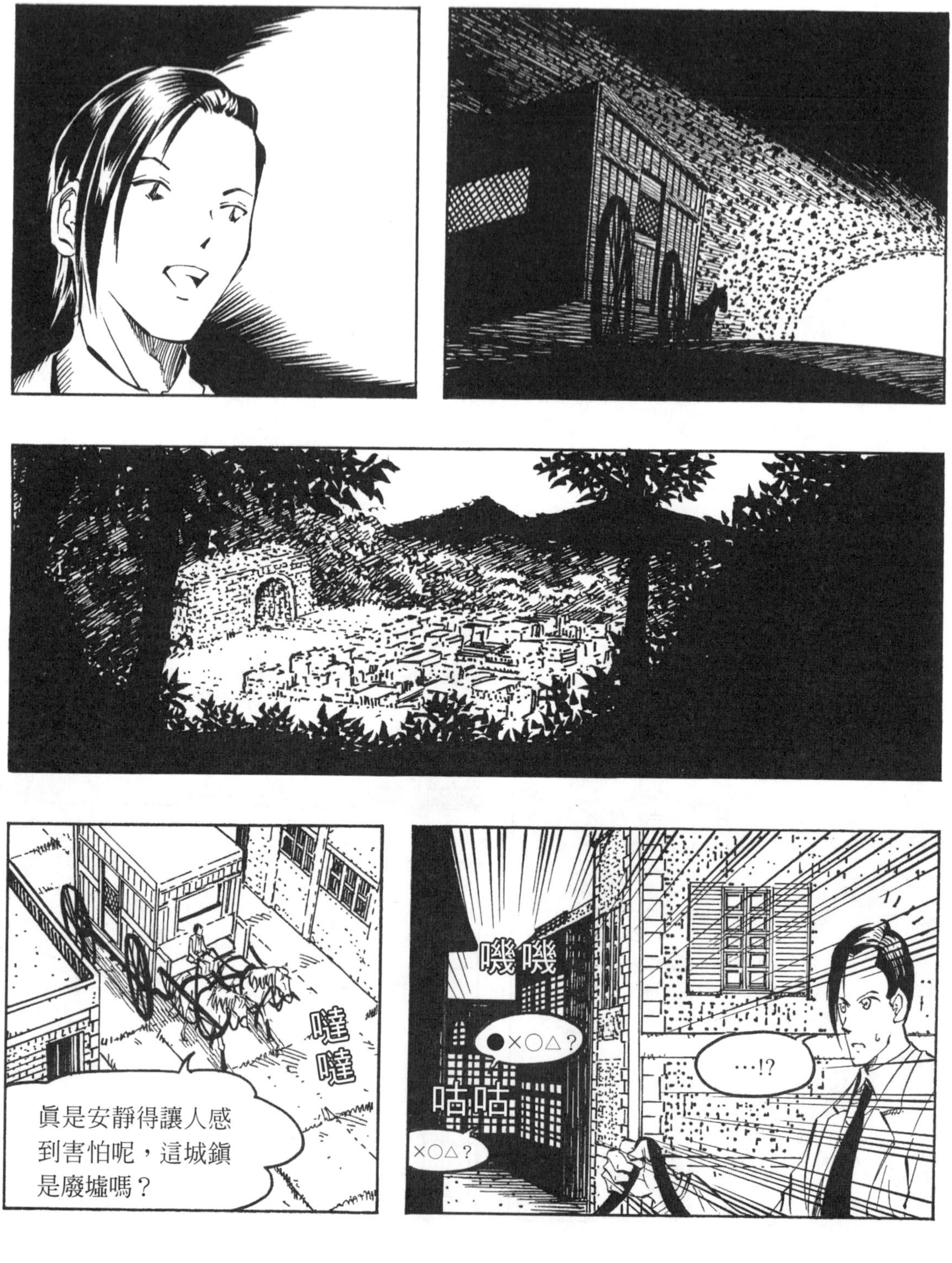

噠
噠
眞是安靜得讓人感到害怕呢，這城鎮是廢墟嗎？
嘰嘰
●×○△？
咕咕
×○△？
…!?

各位，我們進到鎮裡了。
但這裡的情況似乎有點不
太對勁。

嘰嘰
咕咕

明明四周看不到半個人，
我卻聽到遠處有人說話
的聲音。

這裡是不是發生了什麼事？
一起去確認一下好了。

的確是，
怪怪的，
去探一下情況
好了。

似乎是以這個城鎮作
為中繼點，再把電力
輸送到各個地方的。

停止

哇～

逃

噠噠

手忙腳亂

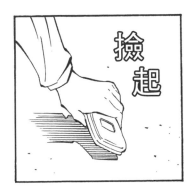

撿起

翻開

有簡訊！

10/21 8:30
Sub non title
From 媽媽

已經一個星期沒妳的消息了，妳現在在哪裡？

10/22 8:30
Sub non title
From 媽媽

至少打個電話回家。

不會吧！
已經過了一個星期了啊？

教授，我的手機怎麼會在這裡？

而且還收得到手機訊號，太奇怪了吧。

我的電腦也在這個世界裡啊。而且手機收得到訊號是好事不是嗎？對我們現在的狀況也沒造成影響……

我原本以為，是因為實驗的意外，讓我們三個人作著同樣一個夢。

那個想法是在逃避現實吧。你看現在我們三個人都在這裡，彩子也在這裡。

那麼，這裡是真實的世界？

雖然很難讓人信服。

我剛回了簡訊說，我還要過一陣子才會回去。

怎麼可能有精神……

叮鈴鈴

叮鈴鈴

你們怎麼了？打起精神來呀。

叮鈴鈴　叮鈴鈴

叮鈴鈴

我媽說「回來後打電話給我！」

洋太大師，水不會滾呢。

這台也是用電的吧？

唔

嗯，是電熱水瓶沒錯。不過這城鎮的電壓好像很低啊。

檢查一下這裡的電源好了。

歌絲摩，我記得妳有一台電表，用它測量看看吧。

好的

來看看電壓到底是多少？

微微擺動

咦？
測量出來的數值非常低啊。

這樣水燒不開啊。

你們應該已經曉得，交流電的電壓值和電流值，是隨著時間變化的，對吧？

匡啷
匡啷

91

這波形最高的地方，就是電壓的最大值。最大值是由磁通量密度大小、導線長度和導線當時移動的速度所決定的。這是之前學過的「佛來明右手定律」。波形中各個時間點的電壓稱為「瞬時值」。瞬時值和最大值之間的關係是：

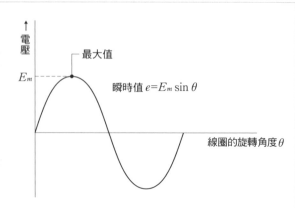

$$e = E_m \sin \theta$$

這個關係前面已經說明過了。平均值是指在一個週期內的瞬時值總和之平均。不過在正弦波中，如果用一個週期來計算的話，總和會是 0。所以正弦波的平均值是用半個週期計算的。

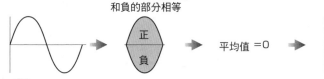

① 交流的平均值　② 用一週期計算的話，因為正的部分和負的部分相等　③ 相抵消後會為 0。　④ 所以用半週期　⑤ 來求平均值。

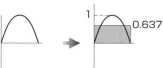

 求平均值的公式如下。

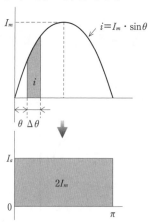

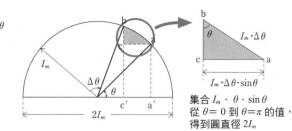

集合 $I_m \cdot \theta \cdot \sin \theta$ 從 $\theta = 0$ 到 $\theta = \pi$ 的值，得到圓直徑 $2I_m$

$$平均值\ I_a = \frac{半週期的面積}{半週期的角度} = \frac{2I_m}{\pi} = 0.637 I_m$$

 接著談「有效值」。在進行電路計算時，主要用到的數值就是「有效值」。

 那最大值和平均值這些麻煩的東西不就不要也可以？

不可以這麼武斷。有些測量儀器上面顯示的是平均值而不是有效值，要把它轉換爲有效值，就必須要曉得平均值才可以。三角函數和向量也不是平白無故跑出來的。熟悉並且徹底活用它們是很重要的。接下來我就要說明「有效值」囉。

右圖中，假設以直流 100〔V〕來燒開水，水溫 1 分鐘上升了 1℃。接著換成使用交流電，若水溫 1 分鐘上升 1℃，則該交流電壓必爲 100〔V〕，這時的這個值就叫有效值。下面整理了有效值的觀念和求法，要仔細看唷！

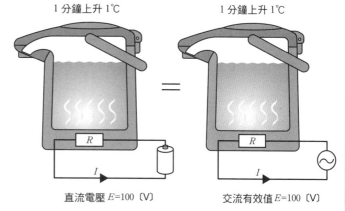

1 分鐘上升 1℃　　　　　　　　1 分鐘上升 1℃

直流電壓 E=100〔V〕　　　　　交流有效值 E=100〔V〕

●有效值的推導

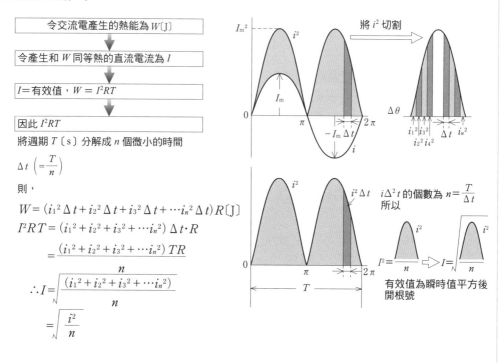

令交流電產生的熱能為 W〔J〕

令產生和 W 同等熱的直流電流為 I

I＝有效值，$W = I^2RT$

因此 I^2RT

將週期 T〔s〕分解成 n 個微小的時間 $\Delta t \left(= \dfrac{T}{n}\right)$

則，

$$W = (i_1{}^2 \Delta t + i_2{}^2 \Delta t + i_3{}^2 \Delta t + \cdots i_n{}^2 \Delta t)R〔J〕$$

$$I^2RT = (i_1{}^2 + i_2{}^2 + i_3{}^2 + \cdots i_n{}^2) \Delta t \cdot R$$

$$= \frac{(i_1{}^2 + i_2{}^2 + i_3{}^2 + \cdots i_n{}^2) TR}{n}$$

$$\therefore I = \sqrt{\frac{(i_1{}^2 + i_2{}^2 + i_3{}^2 + \cdots i_n{}^2)}{n}}$$

$$= \sqrt{\frac{i^2}{n}}$$

將 i^2 切割

$i\Delta^2 t$ 的個數為 $n = \dfrac{T}{\Delta t}$ 所以

$$I^2 = \frac{i^2}{n} \Rightarrow I = \sqrt{\frac{i^2}{n}}$$

有效值為瞬時值平方後開根號

●有效值的求法

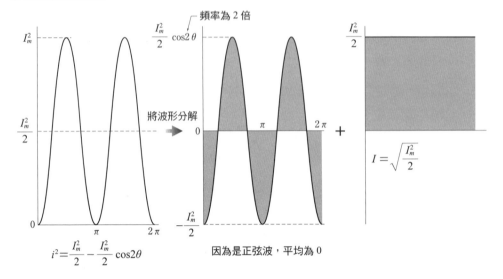

$$i^2 = \frac{I_m^2}{2} - \frac{I_m^2}{2}\cos2\theta$$

因為是正弦波，平均為 0

$$I = \sqrt{\frac{I_m^2}{2}}$$

將 $i = I_m\sin\omega t$ 置換為 θ 後取平方，變成 $I_m^2\sin^2\theta$

$$\sin^2\theta = \frac{1}{2}(1-\cos2\theta) = \frac{1}{2} - \frac{\cos2\theta}{2}$$

因此，

$$i^2 = \frac{I_m^2}{2} - \frac{I_m^2}{2}\cos2\theta$$
$$= I_m^2 \cdot \frac{1}{2}(1-\cos2\theta)$$

第 2 項由於是正弦波所以一週期的平均為 0，留下了第 1 項的 $\frac{1}{2}$。取其平方根，得到電流的有效值為：

$$I = \sqrt{\frac{I_m^2}{2}} = \frac{I_m}{\sqrt{2}} = 0.707I_m \ \text{〔A〕}$$

●有效值的定義

有效值的正式定義如下：

「交流電一週期中的各瞬時值的平方之平均值再取其平方根之值稱為有效值」

咕嚕嚕嚕嚕

今天就上到這裡，我們去吃晚飯吧。

一唸書就會肚子餓呢。

哈哈

今天你們兩個人也學得很認眞不是嗎？

現在歌絲摩的等級是 8。

修斯則是 7，再多加油了。

啊哈哈

洋太大師的功力UP講座③
向量・複數

好，今天要來學向量！

目的地月球！
時速1萬公尺

θ

（向量）

微溫

30℃

（純量）

唔……。

首先，什麼是向量呢？描述力和電流等的變化，不只具有大小還具有方向性質的就是向量。相對於向量，描述溫度和時間等的變化，只有大小沒有方向性質的叫做純量。

那電是哪一種呢？

交流的電壓和電流屬於向量。因為它除了大小會變，方向也會變。如果把電壓和電流的旋轉向量以靜止向量表示的話，就會如下頁圖所表示的。如果把靜止向量以角速度 ω 旋轉的話，就會變成旋轉向量。電力計算等交流電路的計算，一般是使用靜止向量。若交流電路中連接有電容和線圈，便會在電壓和電流的方向上產生差異。這種向量的差就叫做相位差。

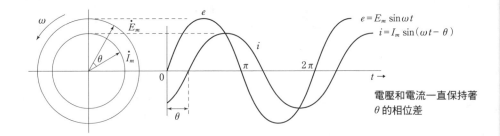

$$e = E_m \sin \omega t$$
$$i = I_m \sin(\omega t - \theta)$$

電壓和電流一直保持著 θ 的相位差

火渦，接著交給你了。

噢！我肚子餓了。火渦，你吃飽了不是嗎？來和我換手！我可以吃飯囉！

那個……火渦哥，要不要吃完便當再繼續啊？

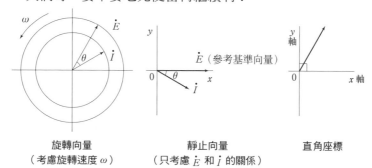

旋轉向量
（考慮旋轉速度 ω）

靜止向量
（只考慮 $\dot{E}$ 和 $\dot{i}$ 的關係）

直角座標

不行喔！你要一邊吃也可以，但還是要繼續下去。

你們兩個人應該已經看得懂向量圖了吧？那我們就從如何將這向量圖以數學式表示開始。一般來說，在表示物體的重量或個數等時是使用實數。計算人數時用不上的分數，能在切蛋糕時派上用場；表示物體長度時用不上的負數，在表示欠債金額時是不可或缺的，同意吧？同樣地，在電磁學、電子工學，當然還有電氣工學中，為了理解交流電，便需使用到虛數的概念。聽過虛數吧？

平方之後會變成 -1 的奇特數字。虛數 i 是 $i^2 = -1$。

沒錯。而且在含有虛數的複數世界中，電氣迴路的觀念是成立的。不過由於在電的領域中已經把 i 拿來表示電流，所以就另外用 j 來表示虛數單位。把這記起來的話就方便多了哦。

虛數取四次方後會得到整數 1。如果再乘以 j，在向量圖中就會往逆時針方向旋轉 90°。

$$j = \sqrt{-1}$$
$$j^2 = (\sqrt{-1})^2 = -1$$
$$j^3 = j^2 \times j = -1 \times \sqrt{-1}$$
$$j^4 = j^2 \times j^2 = (-1) \times (-1) = 1$$

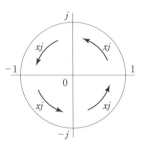

最後我們要來學的是歐拉公式。

整數 1 乘上虛數 j，會往逆時針方向旋轉 90°，每乘一次 j 就旋轉 90°

 怎麼都是數學，一點都不像電氣迴路，而且我在學校也還沒學過這些東西啊。

 歌絲摩還是學生啊？

 我本來就才剛上高中而已。修斯是今年畢業了，在新學校開學之前兼差打獵。我呢，負責監督他。

 學校裡也會教到歐拉公式，學起來不會吃虧的。

 換我來吧。不管怎麼說還是我比較有學問。首先看下面的圖。

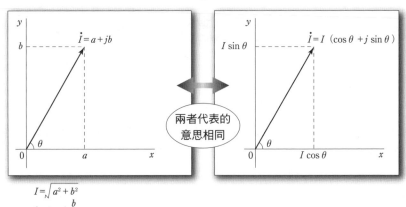

兩者代表的意思相同

$$I = \sqrt{a^2 + b^2}$$
$$\theta = \tan^{-1} \frac{b}{a}$$

從前頁的右圖可以知道，

$\dot{I}$ 的 X 成分可以表示成 $a = I \cos \theta$

$\qquad$ Y 成分可以表示成 $b = I \sin \theta$

結合兩者表示爲

$$\dot{I} = a + jb = I（\cos \theta + j \sin \theta）$$

接下來要登場的就是歐拉公式。

$$\cos \theta + j \sin \theta = \varepsilon^{j\theta}$$

ε（epsilon）是自然對數的底。

$$\varepsilon = 2.71828\cdots$$

也就是 $\dot{I}$ 能夠表示成

$$\dot{I} = I\varepsilon^{j\theta}$$

使用這歐拉公式時，在相位差的計算上，利用指數定律就可以進行指數的加法和減法運算。亦即可表示爲

$$\varepsilon^{j\theta_1} \times \varepsilon^{j\theta_2} = \varepsilon^{j（\theta_1 + \theta_2）}$$

$I\varepsilon^{j\theta}$ 代表一大小爲 I，前進相位角爲 θ 的向量。θ 又稱爲偏角。相位角落後時則寫成 $I\varepsilon^{-j\theta} = I\angle-\theta$。這些表示式叫做極座標表示。你們兩個都懂了嗎？

　呃……

沒關係，這些都是理解電氣迴路所需要的工具，只要日後能夠靈活運用就可以了。下面我就做個歸納整理，你們要常常復習。

●向量 · 複數的歸納整理

歐拉定律

$\varepsilon^{j\theta}$ 是大小為 1 的圓，因此

$$\dot{I} = I \varepsilon^{j\theta}$$

$$\dot{I} = I (\cos\theta + j\sin\theta)$$
$$= I \varepsilon^{j\theta}$$

利用這個歐拉定律，向量 $\dot{I}$ 寫為

$$\dot{I} = I \varepsilon^{j\theta}$$

也能夠再簡單寫成

$$\dot{I} = I \varepsilon^{j\theta} = I\angle\theta$$

此外，根據三角函數和三角形的畢氏定理，還有以下的關係：

$$I = \sqrt{a^2 + b^2}、\quad \theta = \tan^{-1}\frac{b}{a}$$

三角法 · 直角座標 · 極座標

正弦波（旋轉向量）

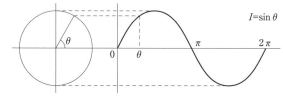

$$I = \sin\theta$$

①三角法

$$\dot{I} = I (\cos\theta + j\sin\theta)$$

三角形的相關知識是從小學起就不斷在學習的，所以這方法最容易熟習。
向量和三角法的處理很相似。

②直角座標法

$$\dot{I} = a + jb$$

對計算能力有自信的話，就不用傷腦筋了。這和解代數問題一樣。直角座標最適合複雜的電路計算。

③極座標

$$\dot{I} = I \varepsilon^{j\theta}$$

極座標可以馬上求出相位差。用在相位差的電路計算上最方便。

只是計算的話，靜止向量就非常方便。但還是要懂得，什麼情況該用哪種計算方法才是最好的。

100

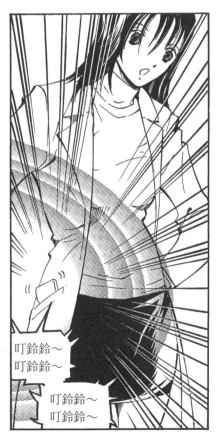

要是又有手機鈴聲響的話就好了呢。

等等……

4. 阻抗和導納

東張西望……

不曉得這裡有什麼樣的零件？

叮鈴鈴　　叮鈴鈴

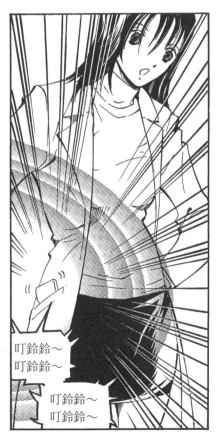
叮鈴鈴～
叮鈴鈴～
　　叮鈴鈴～
　　叮鈴鈴～

竟然有這麼多的線圈和電容！

這樣我們又能夠做一些有趣的東西了吧。

抓

丟

也去捉一些二極體和電晶體回來。

遵命!!

差不多該回去了唷!

呦哦～!

教授,今天要做些什麼呢?

電源供應器如何?

而且也該正式進入到交流電路的說明了。

終於到了真正的考驗。

咦？

喀嚓

喀嚓
喀嚓

致顧客：
我在電氣館，請移駕。
旅館老闆
君特・赫斯拉

電氣館是!?

這個鎮也有
電氣館？

103

說不定又有寶物！

呀

教授，也許會有電腦的其他零件哦。

事到如今，我們就去看看吧。

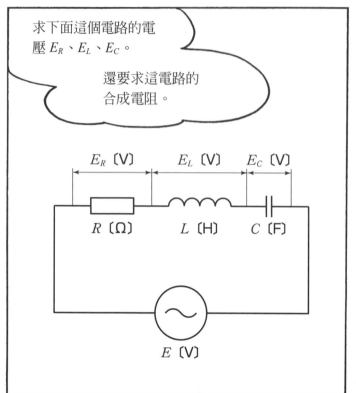

求下面這個電路的電壓 E_R、E_L、E_C。

還要求這電路的合成電阻。

E_R〔V〕　E_L〔V〕　E_C〔V〕

R〔Ω〕　L〔H〕　C〔F〕

E〔V〕

請那邊那兩位年輕人回答。

因爲其他人看起來似乎不是這世界的居民。

電路的電源是交流 100V。

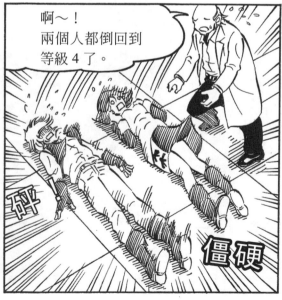

啊～！
兩個人都倒回到等級 4 了。

砰

僵硬

轟
轟

哎呀！都暈倒了呀。這樣就進行不下去了，我們先把他們帶回去旅館吧。

唰

浮起

請等他們的等級更提高一些之後，再來挑戰吧。

摘下

不好意思讓你們受到驚嚇了。

這城鎮裡並沒有那麼多像直流之鎮裡那種失控的零件，所以改由鎮裡的居民輪流假扮成電氣館的怪物。

為什麼要那麼做？既然零件沒有失控的話，就應該能正常輸電，不是嗎？

那不就太無趣了嗎？
提升等級後解決問題，這
是遊戲基本規則。

所以，請你們多加油吧。

而且，你不是
想找回你的妻
子嗎？

你怎麼知道
這件事？

我還知道，
你們大概是在
研究那東西。

那東西？

就是真空能量啊。

那東西要是沒能好好操作的話，
後果將不堪設想。
可是會把很多東西都拋進異世界
裡的。

瞪

我也是因為曾經研究過
那東西，現在才被困在
這世界裡的。

說是被困好像也不太對，畢竟我不曾努力嘗試回去過。

我反而特別喜歡這裡。

不過，這也是因為我沒有像是電腦之類，能夠解析數據，以掌握解決線索的工具。

只要把到處跑來跑去的零件抓起來組一組……

那真的行得通嗎？我個人是不太懂電子電路。

而且我也不清楚 IC 和 LSI 的特性。

但是在這裡生活之後，我覺得很快樂。

那麼，為什麼會發生……

我能告訴你們的有限。總之，就是那東西很危險。

因為它是一種蓄積起來後，甚至會引起宇宙大霹靂的能量。

現在不過是零件不受控制而已，

算是個可愛的結果，不是嗎。

我想聽的不是那些！你為什麼知道我妻子的事？

約一星期前，我看到她被載在 LSI 上通過這裡。

大概是因為變電之鎮，還是發電之鎮裡的旅館少了老闆，所以要把她帶到那裡去吧？

哎呀！還有得走了！

我本來有種能在這裡找到她的感覺說。

唉

消沉

因為愛的力量嗎？

話說回來，我們也獲得一些關於這世界的正確資訊，不是嗎？

也知道教授夫人現在在何處了。

嗯。至少沒有白來。

但看來要離開這世界，電腦是愈來愈重要了。

嗯

你們能夠從零開始組裝一台電腦嗎？

用組裝的嗎？可以是可以，但問題是在裝起來之後。

要到哪裡去找 OS 和應用程式那些軟體。

說的也是。沒有程式的話，就完全派不上用場了。

瞄

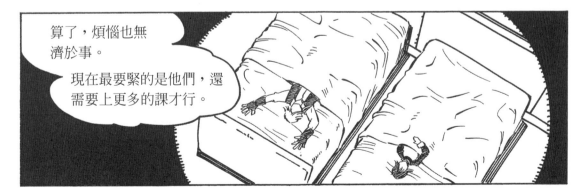

算了，煩惱也無濟於事。

現在最要緊的是他們，還需要上更多的課才行。

可惡！
竟然那樣就暈了過去！

洋太大師！
請教我更多有關電氣
迴路的知識！

熊熊烈火

很好很好。
你放心吧，我會
教你們的。

先來填飽肚子吧。

熱呼呼

剛才那個題目，有
哪個地方不懂？

●電感量

那個問題裡，交流電源連接著線圈，對吧？線圈具有電感量（自感量），電流變化時，會有抵消該變化的，極向的電壓產生對吧？另外，還連接有電容，電流的流動方向會和電壓的變化方向相反，對吧？想到我腦袋都打結了⋯⋯

沒想到你想得那麼多。我只是因為修斯倒下去了，所以跟著一起倒罷了。

真是個亂來的傢伙。

好了，那我們就來學交流電路裡的線圈和電容的性質。如果電路裡只有電阻的話，思考方式就和直流電路一樣，這應該沒問題。

首先來學連接有線圈的交流電路。你們已經知道線圈的性質了，所以就直接來看線圈在交流電路裡是怎麼作用的。首先要談的就是電感量。我們利用之前的問題，做一個只有線圈部分的封閉迴路。

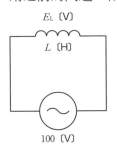

E_L〔V〕
L〔H〕
100〔V〕

安培右手定則

直流電流的周圍產生圓形磁場，圓形磁場的方向是轉緊右螺旋螺絲時的方向

導線
直流電流的方向

轉動（轉緊）右螺旋螺絲的方向
右螺旋螺絲前進（轉緊）的方向

「安培右手定則」裡，電流流過導線時會產生磁場，這你們知道吧？使用線圈同樣也會產生磁場。磁場和電場兩者是密不可分的，有電流的地方就有磁場。反之亦然。你們聽過電磁波吧？電磁波就是電場和磁場的交互作用現象。

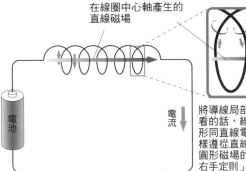

在線圈中心軸產生的直線磁場

圓形磁場

電流

電流

將導線局部放大來看的話，線圈電流形同直線電流，同樣遵從直線電流和圓形磁場的「安培右手定則」

而當電流變化時，磁場也會產生變化。

所謂的磁場變化，就跟導線在磁場中移動一樣。如此一來，線圈上會有抵消該變化的極性的電壓產生，這叫做自感應。依據法拉第定律，這現象的關係式如下：

$$e = N \frac{\Delta \phi}{\Delta t} \ \text{〔V〕}$$

這自感應能力的大小，是以數字來表示相對於電流的變化可以產生多少電動勢。也就是說，若一個線圈在電流變化率為每秒1A時產生1V的電動勢，則說這線圈具有 1〔H（亨利）〕的自感應能力。自感應能力的大小就稱為自感量，以 L 表示。若以式子表示則如下：

磁通量 ϕ〔Wb〕$= L$〔H〕$\times I$〔A〕

也就是說，磁通量 ϕ 與電流 I 成正比，L 是這裡的比例常數。若進一步考慮線圈的捲繞匝數，式子就變成：

磁通量 ϕ〔Wb〕$= N$〔捲繞匝數〕$\times L$〔H〕$\times I$〔A〕

所以說，連接在交流電源的線圈會產生電動勢，以抵消該電源的電流變化。這電動勢就叫做自感應電動勢。

這樣……換個思考模式的話，是不是就能夠看作是電阻？

①線圈在……　　②電流有變化時……　　③會產生電壓抵抗變化　　④電流的變化結束便恢復

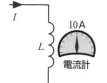

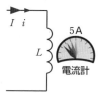

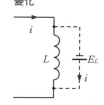

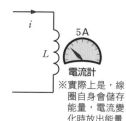

※實際上是，線圈自身會儲存能量，電流變化時放出能量

妳說的是沒錯，但並沒那麼單純。電流達到最大時，這時是電流變化要從增加轉為減少的瞬間，也就是沒有電流變化的時候，線圈的感應電動勢會是0。而在交流電中當電流降為0時，也就是電流變化最大的時候，線圈的感應電動勢也會最大。下一頁的波形圖顯示電流和感應電動勢的變化關係。

如何？從這圖是不是可以看出電流的相位較電動勢的相位落後 $\frac{\pi}{2}$？這時線

圈產生的電動勢能以下式求出。在這裡以 t 表示時間。

$$E_L = L \times \frac{\Delta i}{\Delta t}$$

$\frac{\Delta i}{\Delta t}$ 是微分嗎？我還沒學過呀。

不要緊！修斯能好好記得就好。

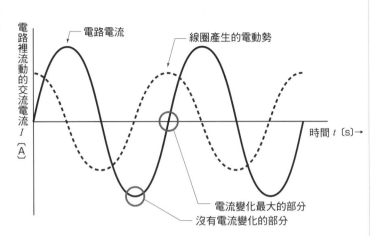

電路電流

線圈產生的電動勢

電流變化最大的部分

沒有電流變化的部分

時間 t〔s〕→

電路裡流動的交流電流 I〔A〕

●感抗

就像剛才歌絲摩說的一樣，線圈在交流電路中可以看作是電阻。我們來看看下圖的電路，當線圈加上正弦波電壓 e 時，正弦波電流 i 會呈現如何的變化。

因為正弦波電流 i 會隨著時間 t 變化，所以線圈會產生自感應電動勢 E_L。

沒錯。這個線圈產生的電動勢可以用下式表示：

$$E_L = L \times \frac{\Delta i}{\Delta t}$$

E_L 和微小時間內的電流變化率成正比。

$$\frac{\Delta i}{\Delta t}$$

看右邊這圖。在半週期裡，最大電流從 I_m 變化為 $-I_m$。因此，電流變化量即為 $I_m - (-I_m)$，即 $2I_m$。因為半週期為 $\frac{1}{2f}$，所以電流的平均變化率為：

$$\frac{\Delta i}{\Delta t} = \frac{2I_m}{\frac{1}{2f}} = 4fI_m$$

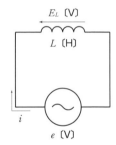

E_L〔V〕

L〔H〕

i

e〔V〕

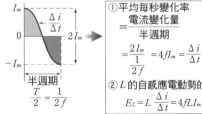

I_m

$\frac{\Delta i}{\Delta t}$

0

$2I_m$

$-I_m$

半週期 $\frac{T}{2} = \frac{1}{2f}$

①平均每秒變化率

$= \frac{電流變化量}{半週期}$

$= \frac{2I_m}{\frac{1}{2f}} = 4fI_m = \frac{\Delta i}{\Delta t}$

②L 的自感應電動勢的平均值 E_L

$E_L = L\frac{\Delta i}{\Delta t} = 4fLI_m$

電壓的平均值 $E_a = \frac{2}{\pi}E_m$

L 的電動勢 $E_L = L\frac{\Delta i}{\Delta t} = 4fLI_m$

$\frac{2}{\pi}E_m = 4fLI_m$

$E_m = 2\pi fLI_m$
$= \omega LI_m$
$= X_L I_m$

$\omega = 2\pi f$　$X_L = \omega L = $ 感抗

然後，因爲電壓的平均值爲

$$\left(\frac{2}{\pi}\right) E_m$$

所以，若令 L 的感應電動勢的平均值爲 E_L，則

$$E_L = \frac{2E_m}{\pi} = L \times \frac{\Delta i}{\Delta t} = 4fLI_m$$

$$\therefore E_m = 2\pi fLI_m$$

接著，我們從有效值的觀點來思考。令電壓的有效值爲 E、電流的有效值爲 I，又因爲有效值爲最大值 E_m 的 $\frac{1}{\sqrt{2}}$，所以

$$E = \frac{E_m}{\sqrt{2}} = \frac{2\pi fLI_m}{\sqrt{2}} = 2\pi fLI$$

此處，$2\pi f$ 即爲角速度 ω，所以

$$E = \omega LI$$

再令 ωL 爲 X_L，則 E 表示爲：

$$E = X_L I$$

這 $X_L = \omega L$ 稱爲感抗，單位使用和電阻相同的〔Ω〕。用向量表示的話就變成下面的式子：

$$\dot{E} = jX_L I = j\omega LI$$

電流側有 j，代表電流的相位比電壓的相位落後 $\frac{\pi}{2}$。

●電容量

接著來談電容。修斯，電容有什麼特徵？

電容最大的特徵就是儲存電荷吧？

沒錯。電容的結構就像右圖。

電源為直流電源時，當電荷儲存達到電容量最大值，電流便不再流通；而電源為交流電源時，因為＋－電荷相互交替儲存，所以電流會持續流通。當然，電容的電極間是沒有電子交換的。這時，儲存在電容的電荷以 Q〔C（庫侖）〕表示。電荷以及電容端子間的電位差 E，具有下列的關係：

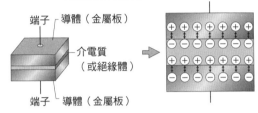

電容的一般構造與蓄電原理

端子　導體（金屬板）

介電質（或絕緣體）

端子　導體（金屬板）

在電容端子間施加電壓，兩端子間的介電質內部會發生電極化現象，而將集中在導體的電荷予以保持。若電壓消失，電子會在導線中移動，解除電極化狀態。

$$Q〔C〕= CE$$

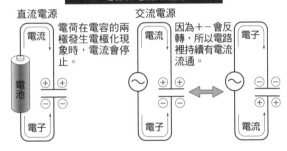

電容和電流的流動

直流電源　　　　　交流電源

電流

電荷在電容的兩極發生電極化現象時，電流會停止。

電池

因為＋－會反轉，所以電路裡持續有電流流通。

電子

這個式子中出現的 C 為比例常數，表示電容量。電容量的單位是〔F（法拉）〕。

當電壓有變化時，電容具有抵抗電壓變化的作用。電容量的電流 i_c，如下列所示：

$$i_c = C \frac{\Delta E}{\Delta t}$$

也就是說，會正比於電容 C 兩端的電壓變化，而流通抵抗電壓變化的電流。

●容抗

我們來看一下，電容連接到正弦波交流電時會是如何的狀態。下面是正弦波電流 i，流過具有電容量 C 的電容時的情形。

①電容在……
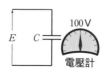

②電壓有變化時……
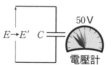

③會流出抵抗電壓變化的電流

④電壓變化結束便會停止
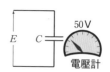

※實際上是，電容自身會儲存能量，在電壓變化時放出能量

這時，電容裡儲存了電荷 q。若用式子表示則為：

$$q = CE = CE_m \sin\omega t$$

在交流電中，這電荷 q 的值會隨著時間變化。電容會有抵抗電容兩端電壓變化的電流 i_c 流通。以式子表示的話就是

$$i_c = C \times \frac{\Delta e}{\Delta t} = \frac{\Delta q}{\Delta t}$$

這裡我希望你們回想一下之前說明過的感抗。還記得自感電動勢 E_L 的式子嗎？

$$E_L = L \times \frac{\Delta i}{\Delta t}$$

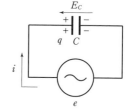

同樣地，在這裡是將 E_L 換成流入電容的電流 i，以及將 Δi 換成 Δq，獲得下面的式子。注意電荷 $q = CE$。

$$i = C \frac{\Delta E}{\Delta t} = \frac{\Delta q}{\Delta t}$$

所以，和 L 的式子一樣，電荷 q 比電流 i 落後 $\frac{\pi}{2}$。也就是說，電流 i 比電荷 q 超前達 $\frac{\pi}{2}$。相位差又出現了，對吧。

又是微分。積分呢？

關於電容量，可不是這樣就結束了。

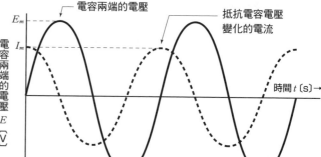

電容兩端的電壓

抵抗電容電壓變化的電流

E_m

I_m

電容兩端的電壓 E 〔V〕

時間 t〔s〕→

來看看電容電路的電壓和電流吧。用式子表示的話如下列：

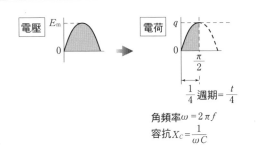

$$電壓\ e = E_m\sin\omega t$$

$$電流\ i = I_m\sin\left(\omega t + \frac{\pi}{2}\right)$$

思考一下這電路的電壓和電荷吧。看右邊的圖。

雖然我們這裡拿 $\frac{1}{2}$ 週期來看，但 C 從 0 變回了 0，所以我們要用 $\frac{1}{4}$ 週期處理。$\frac{1}{4}$ 週期就是 $\frac{1}{4f}$，所以 1 秒間的電荷變化如下：

$$\frac{\Delta q}{\Delta t} = \frac{CE_m}{\frac{1}{4f}} = 4fCE_m$$

電流 i 的平均值 I_a 是 $\frac{2I_m}{\pi}$，所以

$$I_a = \frac{2I_m}{\pi} = C\frac{\Delta q}{\Delta t} = 4fCE_m$$

$$\therefore I_m = 2\pi fCE_m$$

整理後如右表。

有效值則是

$$I = 2\pi fCE = \omega CE = \frac{E}{X_C}$$

$$\omega C = \frac{1}{X_C}$$

也就是

$$\frac{1}{\omega C} = X_C$$

這稱之為容抗，單位也是用〔Ω〕。用向量表示的話變成：

$$\dot{E} = -jX_CI = -j\frac{1}{\omega C}I$$

從電荷的變化導出電流

時間	$0 \sim \dfrac{\pi}{4}$
電荷的變化量	$0 \sim CE_m$
平均變化量	$\dfrac{CE_m}{\frac{T}{4}} = 4fCE_m = I_a$
電流平均值	$I_a = \dfrac{2I_m}{\pi}$
電流最大值	$I_m = \dfrac{\pi}{2}I_a = 2\pi fCE_m$
有效值	$I = 2\pi fCE = \omega CE = \dfrac{E}{X_C}$

因爲有 $-j$，所以電流的相位比電壓的相位超前了 $\frac{\pi}{2}$。

 怎麼會有那麼多什麼抗的……

 接下來要進入眞正的考驗囉。我們已經熟悉的歐姆定律公式在交流電路裡有一些不同，變爲

$$E = IR \qquad \dot{E} = \dot{I}\dot{Z}$$

這個 $\dot{Z}$ 稱爲阻抗，是包含了感抗和容抗後的數值。單位當然也是用〔Ω〕。還有一點也記起來的話就更方便，那就是阻抗 $\dot{Z}$ 的倒數導納 $\dot{Y}$。導納的式子是

$$\dot{Y} = \frac{1}{\dot{Z}} = g + jb \ \text{〔S〕}$$

導納代表電流流動的容易度。單位是〔S〕，唸作西門子。導納的實數部 g 稱爲電導，虛數部 b 稱爲電納。此外，在交流電路中，還必須考慮電壓和電流會因線圈和電容產生多少的相位差。

 向量會比積分早遇到嗎～。

 導納……電導……電納……。好複雜哦，跳舞跳來跳去的？

5. 向量和相位差

交流電路裡，有線圈和電容出現時就會產生相位差。
這麼一來，有樣東西就不得不處理，那就是向量。

哇啊

你應該已經了解電路裡有 L 或 C 時，電壓和電流就會出現相位差的原因了吧。

轉　　　　轉

不是吧。

蓬頭亂髮

換句話說，就是在進行電路計算時要算出 sin 成分和 cos 成分才行。

這些東西，用向量的觀念來處理會比較容易懂。

右邊是交流電源串聯有 R 和 L 的電路圖。我們來看向量圖，以電流的向量為參考基準。設電流為 i，電阻 R 的電壓 e_R 的相位和電流的相位相同，所以

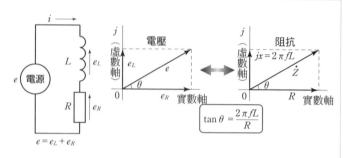

$$e_R = Ri$$

線圈 L 的電壓 e_L 的相位比電流的相位超前 $\frac{\pi}{2}$，所以

$$e_L = j2\pi fLi$$

兩個電壓的和 e 是

$$e_R + e_L = (R + j2\pi fL)i$$

在此，令電流為 $\dot{I}$（實際 $\dot{I} = I_m \sin 2\pi ft$）、令電壓為 $\dot{E}$，配合歐姆定律，得到

$$\dot{E} = \dot{Z}\dot{I}$$

這時的 $\dot{Z}$ 是

$$\dot{Z} = R + j2\pi fL$$

這個 $\dot{Z}$ 是含有相位資訊的阻抗值。此時，

$$\dot{E} = \dot{Z}\dot{I} = (R + j2\pi fL)\dot{I}$$

電阻 R 的電壓 $\dot{E}_R$ 是

$$\dot{E}_R = R\dot{I}$$

線圈 L 的電壓 $\dot{E}_L$ 是

$$\dot{E}_L = j2\pi fL\dot{I}$$

應該看得出來當以電流 $\dot{I}$ 為參考基準時，$\dot{E}_L$ 的相位是超前電流的相位吧。如果令 $\dot{E}_R$ 和 $\dot{E}_L$ 的和 $\dot{E}$ 為 θ，則

$$\tan\theta = \frac{2\pi fL}{R}$$

這了解吧？

這次我們採用電壓的向量，作為參考基準來思考。這時以 $\dot{E}$ 為相位的參考基準。這時的電流 $\dot{I}$ 為

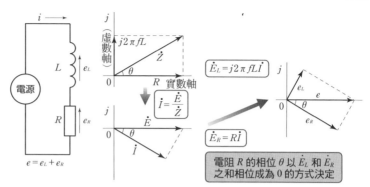

$\dot{E}_L = j2\pi fL\dot{I}$

$\dot{I} = \dfrac{\dot{E}}{\dot{Z}}$

$\dot{E}_R = R\dot{I}$

電阻 R 的相位 θ 以 $\dot{E}_L$ 和 $\dot{E}_R$ 之和相位成為 0 的方式決定

$$\dot{I} = \frac{\dot{E}}{\dot{Z}} = \frac{\dot{E}}{R + j2\pi fL}$$

$$= \frac{(R - j2\pi fL)\dot{E}}{(R + j2\pi fL)(R - j2\pi fL)}$$

$$= \frac{(R - j2\pi fL)}{R^2 + (2\pi fL)^2}\dot{E}$$

也就是說，當採用 $\dot{E}$ 作為參考基準時，若令 $\dot{I}$ 的相位為 θ，則

$$\tan\theta = -\frac{2\pi fL}{R}$$

可知電流 $\dot{I}$ 落後 $\dot{E}$ 相位 θ。
電流的大小如下式。

$$|\dot{I}| = \frac{\dot{E}}{\sqrt{R^2 + (2\pi fL)^2}} = \frac{\dot{E}}{|\dot{Z}|}$$

以上就是採用向量觀點的 RL 電路。

歌絲摩，和我跳一段吧。我也教得有點沒勁了。

接下來的課，我已經交給火渦和越模了。

接著談 *R* 和 *C* 的電路。

也用向量的觀念來思考看看吧。

那就換我們來接手說明了哦。

看右邊的圖。

這電路的阻抗 $\dot{Z}$ 是

$$\dot{Z}=R+\frac{1}{j2\pi fC}$$

$$\left(=R-j\frac{1}{2\pi fC}\right)$$

這沒意見吧？再來接上交流電流源 $\dot{I}$ 看看。這時的電壓 $\dot{E}$ 和它的絕對值是

$$\dot{E}=\dot{Z}\dot{I}=\left(R-j\frac{1}{2\pi fC}\right)\dot{I}$$

$$|\dot{E}|=\sqrt{R^2+\left(\frac{1}{2\pi fC}\right)^2}\,\dot{I}=|\dot{Z}|\,\dot{I}$$

產生在 R 和 C 兩端的電壓 $\dot{E}$ 的相位 θ 是

$$\tan\theta=-\frac{1}{2\pi fRC}$$

可知 $\dot{E}$ 比 $\dot{I}$ 落後相位 θ。

右邊的圖則是以電壓爲參考基準的向量圖。

採用電壓 $\dot{E}$ 作相位的參考基準時，電流 $\dot{I}$ 是

$$\dot{I}=\frac{\dot{E}}{\dot{Z}}=\frac{\dot{E}}{R-j\frac{1}{2\pi fC}}$$

$$=\frac{\left(R+j\frac{1}{2\pi fC}\right)\times\dot{E}}{\left(R-j\frac{1}{2\pi fC}\right)\left(R+j\frac{1}{2\pi fC}\right)}$$

$$=\frac{R+j\left(\frac{1}{2\pi fC}\right)}{R^2+\left(\frac{1}{2\pi fC}\right)^2}\times\dot{E}$$

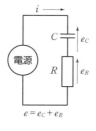

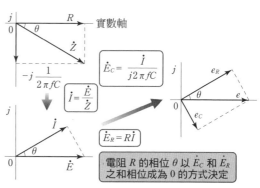

電阻 R 的相位 θ 以 $\dot{E}_C$ 和 $\dot{E}_R$ 之和相位成爲 0 的方式決定

當採用 $\dot{E}$ 作參考基準時，若令電流 $\dot{I}$ 的相位為 θ，則

$$\tan \theta = \frac{1}{2\pi fRC}$$

可知電流 $\dot{I}$ 超前 $\dot{E}$ 相位 θ。還有，再令

$$2\pi f = \omega$$

置換後，式子就會變得更簡潔唷。

 修斯，如何？都能理解吧？

 呃～沒什麼自信⋯⋯

 放心吧！等熟了之後就沒問題了！

 我剛剛應該也去跳舞才對的。

這汗流得舒服透了！

嗯！

修斯，你都學起來了嗎？

擦擦

跳舞果然會讓人覺得開心呢。

我的頭已經脹到快爆炸了!!

蓬頭亂髮

剩下的就等明天再說吧！

翌日……

該是挑戰旅館主人出題的時候了。學了這麼多，應該已經懂了才對。想吃早餐的話就要先解開這道題。

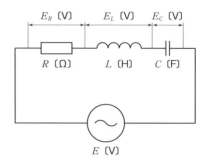

不要給我那種壓力啦。沒吃飽哪有力氣打仗啊。

別講得那麼理直氣壯！你這小子明明每次吃飽了就想睡！快點！解出這電路的各電壓 E_R、E_L、E_C 和總電阻。

嗚哇～沒飯吃怎麼受得了。我現在是發育期呢……

想吃飯的話就快點解開它。何況這也關係到我們這一群人今後的命運吶。

好啦，我知道了啦。這是串聯電路，所以可以把流通電路的電流視為 $\dot{I}$，對吧。令各個零件上的電壓分別是 $\dot{E}_R$、$\dot{E}_L$、$\dot{E}_C$，以及令 $2\pi f$ 為 ω，則

$$\dot{E}_R = \dot{I}R、\dot{E}_L = j\omega L\dot{I}、\dot{E}_C = -j\frac{\dot{I}}{\omega C}$$

$$\dot{E} = \dot{E}_R + \dot{E}_L + \dot{E}_C$$

令電路整體的總電阻為 $\dot{Z}$，$\dot{Z}$ 就為

$$\dot{Z} = \frac{\dot{E}_R + \dot{E}_L + \dot{E}_C}{\dot{I}}$$

$$= \frac{\dot{I}R + j\omega L\dot{I} - j\dfrac{\dot{I}}{\omega C}}{\dot{I}}$$

$$= R + j\omega L - j\left(\frac{1}{\omega C}\right)$$

$$= R + j\left(\omega L - \frac{1}{\omega C}\right)$$

都對嗎？

嗯，還不錯。走，吃飯去！

你解開問題了嗎？

指

哦！
修斯！

那種問題沒什麼
了不起啦。

簡直無懈
可擊。

這樣一來，修斯
的等級也總算是恢復
水準了。不過感覺有
點自信過頭了。

至於歌斯摩，應該
說她是舞蹈的等級
提升了。

各位都在啊。今天也會到電氣館去嗎？

當然！

寶物我會一個不留地收下的。

真不巧，今天負責在電氣館裡出題的並不是我，而是隔壁土產店的老闆娘。

那位老闆娘非常喜歡並聯電路，我猜想今天的問題八成就是並聯電路。您們就暫且放鬆心情享用早餐吧。

這樣嗎？能有這樣的自信是再好不過的事了。

老闆，您也要過去不是嗎？一起出發吧？

我在二樓，
請各位上來吧。

老闆娘～
在哪裡啊？

久候大駕。
各位的事情，我已經從
旅館老闆那裡
得知了。

飄浮

飄浮

飄浮

這就是我出的
問題。

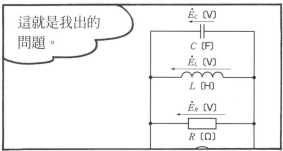

寶物就是這
一袋和電腦
本體。

咦?還眞的是並聯電路?

不用擔心。處理並聯電路時,只要以電流爲主來思考就沒問題。

修斯,交流並聯電路的概念和直流並聯電路差異不大啦。這個時候與其使用阻抗,不如使用阻抗的逆數——導納,比較來得容易哦。

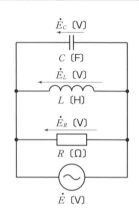

$\dot{E}_C$ 〔V〕

C 〔F〕

$\dot{E}_L$ 〔V〕

L 〔H〕

$\dot{E}_R$ 〔V〕

R 〔Ω〕

$\dot{E}$ 〔V〕

請將這個電路裡流過 R、L、C 的各電流、總電流以及總電阻也一起求出來。這道問題要是解開了,我想這裡的零件們就會願意老老實實地回到工作崗位。

有件事想先確認一下,$2\pi f$ 可以用 ω 代替嗎?

無妨。

這個電路的電壓是 $\dot{E}$,令流過 R、L、C 的電流分別爲 $\dot{I}_R$、$\dot{I}_L$、$\dot{I}_C$,則

$$\dot{I}_R = \frac{\dot{E}}{R} \ \text{〔A〕}$$

$$\dot{I}_L = \frac{\dot{E}}{j\omega L} = -j\left(\frac{\dot{E}}{\omega L}\right) \ \text{〔A〕}$$

$$\dot{I}_C = \frac{\dot{E}}{-j\dfrac{1}{\omega C}} = j\omega C\dot{E} \ \text{〔A〕}$$

而電路的總電流是 $\dot{I} = \dot{I}_R + \dot{I}_L + \dot{I}_C$,所以

$$\dot{I} = \frac{\dot{E}}{R} - j\left(\frac{\dot{E}}{\omega L}\right) + j\omega C\dot{E} = \left\{\frac{1}{R} - j\left(\frac{1}{\omega L} - \omega C\right)\right\}\dot{E} \ \text{〔A〕}$$

總電阻則是 $\dot{Z} = \dfrac{\dot{E}}{\dot{I}}$,所以

$$\dot{Z} = \frac{\dot{E}}{\left\{\dfrac{1}{R} - j\left(\dfrac{1}{\omega L} - \omega C\right)\right\}\dot{E}} = \frac{1}{\left\{\dfrac{1}{R} - j\left(\dfrac{1}{\omega L} - \omega C\right)\right\}} \ \text{〔Ω〕}$$

這樣就夠了。
這些請拿去吧。

我的任務也
結束了。

嘖！還想再多
跳一陣子舞的
說……

遺憾吶。

你們也快點回去
工作吧！

問題已經解開了啊！

飄浮

非常感謝各位。
這麼一來這城鎮也比
較能平靜些了。

來！
寶物！

啊！

硬碟和CPU被拔走了！

少了最重要的零件，

這樣不就代表我們還必須再到下個城鎮找嗎？

看來是那樣沒錯。

不過，修斯的等級上升到了6，歌絲摩的等級也是6，而且也賺到了三年份的學費。

耶

豐收

我也拿到了電腦的本體。也算是不錯的結果了。

6. 交流功率

修斯，我三年份的學費已經籌到了哦。

太好了！
那我們的旅程也差不多該結束了吧？

等等啊！你們！還有我們的問題還沒解決呢！

修斯，我們還缺你四年份的學費哦！

還有開店的資金，然後還有結婚典禮的費用，你還要再多努力點才行啊！

也就是說，那些錢根本就還遠遠不夠就是了。

我明明已經這麼拼命了呀。

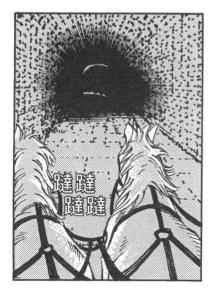

蹟蹟
蹟蹟

少了硬碟和CPU，而且也沒有電源變壓器。

電腦被拆成那樣，不曉得還能不能使用？

唔……怎麼說我也不是電腦專家，沒辦法判斷。

而且要是硬碟是壞的，我們可能就沒辦法回到原來的世界了。

的確是有可能……

但都走到這了，一切只能聽天由命了，不是嗎？

136

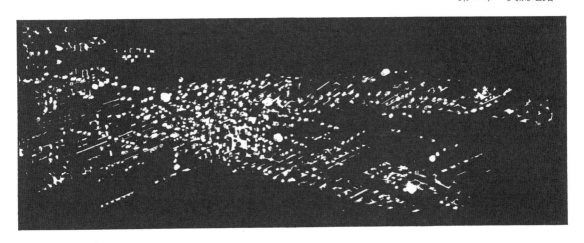

這景象還真令人震撼啊。

這城鎮的用電量如此驚人，也難怪其他的城鎮會電力不足。

看來這城鎮就是造成供電不穩的真正原因了。

這裡好像很好玩呢。

乾脆在這裡住下來吧。

喂！
你們兩個！
被這裡的景象嚇到呆了是嗎!!

看清楚一點！

這裡只有騷動的零件，街上連半個人都看不到。

咦？

是陌生人！要不要用電伺候他們！

綁起來！

吵吵鬧鬧

咚咚

咚咚

吃掉他們！

太可怕了！

很兇狠呢。

火渦！
快轉動那隻搖柄！

轉　轉

叮鈴鈴

教授，什麼時候做了那樣的東西呀？

我可是也想得很多的。

先不說這個，快趁現在找看看有沒有安全的地方。

把這裡改造一下好了。

火渦，拿著這個跟我來。

輕飄飄　　輕飄飄

輕飄飄

倒下

這樣就能安靜一些了。

可以維持多久呢？

最多兩天吧。

這兩天內要想些法子才行。

嗯。

話說回來，你們覺得這裡會出什麼樣的問題考我們？

我想應該是交流功率。

照順序看來，的確是這樣沒錯。

明天一整天都來幫修斯上交流功率課好了。

蹕蹕蹕蹕

出了什麼事？
怎麼各位……

唉……
零件的騷動實在是太劇烈了，所以大家才都跑來這避難。

因為這地方沒有輸送電線，所以零件們不會靠近這裡。

它們騷動得一天比一天厲害，我們已經應付不了了。

旅人們，你們有辦法嗎？

旅人是英雄？你們是小說還是卡通看太多了吧。

那些零件在這兩天裡暫時會很安分的，

所以各位快趁現在好好回家休息一下比較好哦。

我常聽說旅人裡有許多英雄。

請幫幫我們吧。

對了，請問
鎮上有旅館嗎？

我那裡就是
旅館。

不嫌棄的話，
就讓我帶路吧。

零件們
真的都安靜下來
了呢。

鞠躬

實在是太感謝了。
我這就馬上去準備
餐點，請您們再
稍等一會兒就好。

好了，修斯。
你明天必須上一整
天交流功率的課。

還有，恐怕必須要
由你來解決這城鎮
的問題才行。

我果真是英雄嗎？

嘿

說不定哦。

好!!
我要努力!

轟轟轟

我知道了。但還是
先吃飯吧!

吃飯!
吃飯!

快步

看來吃飯比任何
事都重要呢。

男生真的都是
這樣呢。

我們也過
去吧。

●交流功率的表示方式

我在說明直流電路時，講過令電壓爲 E、電流爲 I 時，功率 P 爲

$$P = EI \text{ (W)}$$

還記得嗎？在交流電中，E 和 I 都是隨著時間變化，在這裡我們用小寫的 e 和 i 表示變化的電壓和電流。e、i 會變化，當然 P 也就跟著變化，也出現了在直流電路裡不會發生的變化。接下來要學的就是這些東西。我們來求

正弦波電壓 $e = \sqrt{2}\,E \sin \omega t$

正弦波電流 $i = \sqrt{2}\,I \sin(\omega t - \theta)$

時的功率 $P = ei$。上式的 E 和 I 代表有效值。等一下會使用到

$$\cos(A - B) - \cos(A + B) = 2\sin A \sin B$$

這個三角函數公式。在這公式中，

$$A = \omega t$$

$$B = \omega t - \theta$$

下一頁整理了一些三角函數的公式，要記起來才行。

電壓

$e = \sqrt{2}E \sin \omega t$

交流功率的計算

$$\begin{aligned} P = ei &= \sqrt{2}E \sin \omega t \times \sqrt{2}I \sin(\omega t - \theta) \\ &= 2EI \{\sin \omega t \times \sin(\omega t - \theta)\} \\ &= EI \cos \theta - EI \cos(2\omega t - \theta) \end{aligned}$$

↓ 從計算結果可知

❶ $EI \cos \theta$ 中未含有時間 t，因此不會相對於時間變化。也就是說爲定值。

❷ $EI \cos(2\omega t - \theta)$ 中是 $2\omega t$，功率波形是電壓和電流兩倍頻率的正弦波，所以一週期的平均爲 0（參考右圖）。

❸瞬間交流功率爲

　　❶ − ❷

所以，

$$P = EI \cos \theta \text{ (W)}$$

電流

$i = \sqrt{2}I \sin(\omega t - \theta)$

$0 < \theta < 90°$

$\pi + \theta$　　　$2\pi + \theta$

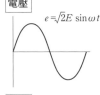

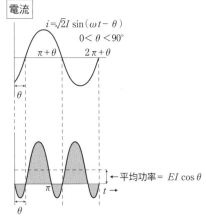

← 平均功率 $= EI \cos \theta$

❶功率以電壓、電流的兩倍頻率變化。

❷瞬間功率 $P =$ 平均功率 − 功率的正弦波部分

$$= EI \cos \theta - EI \cos(2\omega t - \theta)$$

$\theta = 0$ 時 $P = EI \cos \theta$、$\theta = 90°$　　　$P = 0$

畢氏定理

$$a^2 = b^2 + c^2$$

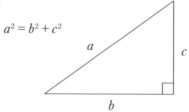

加法定理

$$\sin (\alpha \pm \beta) = \sin \alpha \cos \beta \pm \cos \alpha \sin \beta$$

$$\cos (\alpha \pm \beta) = \cos \alpha \cos \beta \mp \sin \alpha \sin \beta$$

$$\tan (\alpha \pm \beta) = \frac{\tan \alpha \pm \tan \beta}{1 \mp \tan \alpha \tan \beta}$$

2 倍角公式

$$\sin 2\alpha = 2\sin \alpha \cos \alpha$$

$$\cos 2\alpha = \cos^2 \alpha - \sin^2 \alpha \quad（加法定理）$$

$$= \cos^2 \alpha - (1 - \cos^2 \alpha)$$

$$\because \sin^2 \alpha + \cos^2 \alpha = 1$$

$$= 2\cos^2 \alpha - 1$$

$$= 1 - 2\sin^2 \alpha$$

$$\tan 2\alpha = \frac{2\tan \alpha}{1 - \tan^2 \alpha}$$

 計算結果，平均值＝0。故得出

$$P = EI \cos \theta \quad〔W〕$$

θ 是功率因數角，$\cos \theta$ 稱爲功率因數。

接下來才是問題。在交流電路中，會隨時間變化而有＋值和－值，原因在於電源與電路負載一直在進行能量的交換。

我們試著將交流功率做更細部的分解。所謂的功率是指電流在單位時間所產生的功，本來是無法分解的，但在進行電路計算時，進行數學上的分解，以幫助理解。

下面將交流功率做了整理。我們一邊參考一邊進行解說吧。

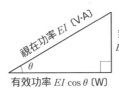

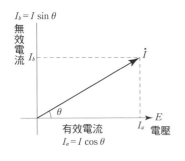

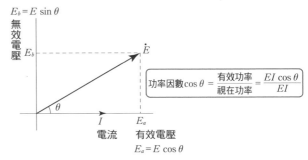

EI＝視在功率

$EI \cos \theta$＝功率 P（有時也稱為有效功率）

$EI \sin \theta$＝無效功率 Q（單位為乏〔var〕）

因為功率和無效功率成直角關係，故下面的式子，即畢氏定理。

〔視在功率〕^{2}＝〔功率〕^{2}＋〔無效功率〕^{2}

而在交流功率的分解圖中，

$I \cos \theta$＝有效電流（也稱為電流的有效成分）

$I \sin \theta$＝無效電流（也稱為電流的無效成分）

有效成分和無效成分也是直角關係。

同樣地，電壓也是，

$E \cos \theta$＝有效電壓（電壓的有效成分）

$E \sin \theta$＝無效電壓（電壓的無效成分）

從上述關係，可導出下式。

$$功率因數 = \frac{功率}{視在功率} = \frac{P}{EI} = \frac{EI \cos \theta}{EI} = \cos \theta$$

功率＝電壓×有效電流＝電流×有效電壓

無效功率＝電壓×無效電流＝電流×無效電壓

在進行電路計算時，適時適所地運用上述式子是非常重要的。

●功率、阻抗、功率因數間的關係

接著我們來看看功率、阻抗、功率因數之間的關係。

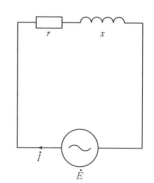

在電阻 r 與電抗 x 的串聯電路加上有效值 E 的正弦波電壓，並令其電流的有效值為 I。若令此時的功率為 P，無效功率為 Q，則成立以下關係：

$$P = EI\cos\theta$$
$$Q = EI\sin\theta$$

又，依據電壓的關係，也可表示如下：

$$E\cos\theta = rI$$
$$E\sin\theta = xI$$
$$E = ZI = \sqrt{(r^2 + x^2)}\ I$$

因此，利用上述式子可以將 P 與 Q 表示如下：

$$P = EI\cos\theta = I^2 r$$
$$Q = EI\sin\theta = I^2 x$$

從這兩個式子可知，功率 P 被電阻 r 所消耗，無效功率 Q 被電抗 x 所消耗。

此外，若以向量形式來表示電流 I，則

$$\dot{I} = \frac{\dot{E}}{\dot{Z}} = \frac{\dot{E}}{Z\varepsilon^{j\theta}} = \frac{\dot{E}}{Z}\varepsilon^{-j\theta} \qquad \{\varepsilon\ (\text{Epsilon})：自然對數的底\}$$

功率因數角 θ 係依阻抗 $\dot{Z}$ 而定。若令

$$\dot{Z} = r + jx$$

則

$$\tan\theta = \frac{x}{r}、\quad \cos\theta = \frac{r}{|\dot{Z}|} = \frac{r}{\sqrt{r^2 + x^2}}$$

因此，功率因數角 θ 也叫做阻抗角。

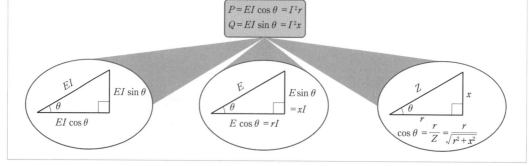

●功率的向量表示

 接著說明功率的向量表示。左下已經將正弦波交流電壓與電流以複數的形式表示。那麼，我們來看看功率要如何表示。

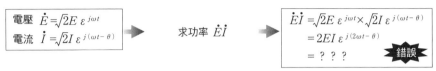

電壓　$\dot{E} = \sqrt{2}E\,\varepsilon^{j\omega t}$
電流　$\dot{I} = \sqrt{2}I\,\varepsilon^{j(\omega t-\theta)}$

求功率 $\dot{E}\dot{I}$

$$\dot{E}\dot{I} = \sqrt{2}E\,\varepsilon^{j\omega t} \times \sqrt{2}I\,\varepsilon^{j(\omega t-\theta)}$$
$$= 2EI\,\varepsilon^{j(2\omega t-\theta)}$$
$$= ？？？$$

錯誤

如上所見，得到視在功率 EI 兩倍值、頻率為兩倍、具有相位差 ϕ 的正弦波。

 這是正確的嗎？

 就像我之前說過的，功率是每一瞬間都在變化的，使用目前的向量表示法的話，是無法求出功率的瞬時值。

 那應該要怎麼做呢？

 求取功率的向量時，應該要使用有效值而不是瞬時值。除此之外，還會用到共軛複數。我整理如下，要看仔細才行。

共軛複數在虛數部分的＋－ 符號是相反的。例如，

$$\dot{A} = a + jb$$

它的共軛複數為

$$\overline{\dot{A}} = a - jb$$

$\dot{A}$ 的頭上加上了 bar（ ‾ ）的記號。

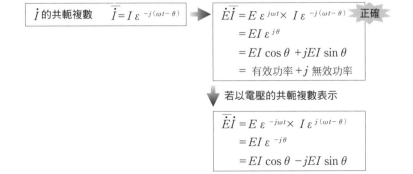

$\dot{I}$ 的共軛複數　$\overline{\dot{I}} = I\,\varepsilon^{-j(\omega t-\theta)}$

$$\dot{E}\overline{\dot{I}} = E\,\varepsilon^{j\omega t} \times I\,\varepsilon^{-j(\omega t-\theta)}$$
$$= EI\,\varepsilon^{j\theta}$$
$$= EI\cos\theta + jEI\sin\theta$$
$$= 有效功率 + j\,無效功率$$

正確

若以電壓的共軛複數表示

$$\overline{\dot{E}}\dot{I} = E\,\varepsilon^{-j\omega t} \times I\,\varepsilon^{j(\omega t-\theta)}$$
$$= EI\,\varepsilon^{-j\theta}$$
$$= EI\cos\theta - jEI\sin\theta$$

無效功率 Q 的正負符號相反了，對吧。要將落後的無效功率變爲 $+j$，要使用 $\dot{E}\vec{I}$ 來進行計算。

到這裡，你們已經學了交流功率的整個大概了，接下來只剩實戰了！

大師，在那之前請先出些題目讓我練習吧。

咦？修斯，你沒信心嗎？

才⋯⋯才不是！我這叫慎重行事！

洋太大師的功力UP講座④

交流功率

可以啊。修斯，來解看看這例題。

右圖的 *R-L-C* 串聯電路，設電源頻率為 f，
求可以獲得最大消耗功率的電阻 *R* 之值。
令其中的電壓 *E*、電感量 *L*、電容量 *C* 為定
值。

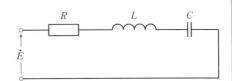

是！交給我吧！令從這圖的電源看進去的電路阻抗為 $\dot{Z}$，則

$$\text{向量 } \dot{Z} = R + j\left(\omega L - \frac{1}{\omega C}\right) \ [\Omega]$$

$$\text{絕對值} |Z| = \sqrt{R^2 + \left(\omega L - \frac{1}{\omega C}\right)^2} \ [\Omega]$$

$$\text{電路的功率 } \cos\theta = \frac{R}{\sqrt{R^2 + \left(\omega L - \frac{1}{\omega C}\right)^2}}$$

此時的電流 *I* 為

$$\text{絕對值} |I| = \frac{E}{Z} = \frac{E}{\sqrt{R^2 + \left(\omega L - \frac{1}{\omega C}\right)^2}} \ [A]$$

利用交流電路的有效功率公式，求這個電路的消耗功率，

$$\text{消耗功率 } P = EI\cos\theta$$

$$= E \times \frac{E}{\sqrt{R^2 + \left(\omega L - \frac{1}{\omega C}\right)^2}} \times \frac{R}{\sqrt{R^2 + \left(\omega L - \frac{1}{\omega C}\right)^2}}$$

$$= \frac{RE^2}{R^2 + \left(\omega L - \frac{1}{\omega C}\right)^2} \ [W] \qquad \cdots ①$$

接下來才是問題啊。分別將式①的分子和分母除以 R，變成下面的式子。

$$P = \frac{E^2}{\dfrac{R + \left(\omega L - \dfrac{1}{\omega C}\right)^2}{R}} \qquad \cdots ②$$

要得到這 P 的最大值，只要讓式②的分母變成最小就對了，這裡使用火渦哥偷偷教我的「最大功率定理」。

> ### 最大功率定理
>
> 兩數 x、y 之積 K 為定值時，當該兩數相等，其和最小。

由這個定理求分母兩項的積 K，

$$K = R \times \frac{\left(\omega L - \dfrac{1}{\omega C}\right)^2}{R} = \left(\omega L - \frac{1}{\omega C}\right)^2 = \text{定值}$$

K 為定值，故當兩數相等時，其和最小。所以

$$R = \frac{\left(\omega L - \dfrac{1}{\omega C}\right)^2}{R} \Rightarrow R^2 = \left(\omega L - \frac{1}{\omega C}\right)^2$$

$$\therefore R = \left(\omega L - \frac{1}{\omega C}\right) \qquad \cdots ③$$

當電阻 R 如式③時，式②的分母就為最小值，也就得到式②的最大值。令最大消耗功率為 P_{max}，將式③的值代入

$$P_{max} = \frac{E^2}{R + \dfrac{R^2}{R}}$$

$$= \frac{E^2}{\dfrac{R^2 + R^2}{R}}$$

$$= \frac{E^2}{2R} \text{〔W〕}$$

洋太大師，我答對了嗎？

嗯，不錯。等吃完飯後就出發去電氣館。

洋太大師根本就是食欲魔人。

沉睡

沉睡

出現

喂！喂！
變壓器！

快起床吧！
旅人英雄來領取
寶物了!!

唔……
唔～

你們幾個！

是想要
挑戰問題嗎？

就是如～此！

要進行挑戰的就是
這位年輕的英雄！
我們的修斯！

不過寶物是由
我接收啦。

好！
就讓你們挑戰！
問題很難喔！做好
心理準備了嗎？

等等！先講清楚
有什麼寶物？

挑戰兩次才成功的話，給你們硬碟和一袋財寶。

三次才成功的話就只有硬碟。

就是這些!!

挑戰一次就成功的話，這些全部都給你們。

哦～！是我的硬碟！

寶物竟然有兩袋！

修斯，可別像上次一樣又昏倒了唷！

握拳

沒問題!!

問題就是這個！

求右邊的電路裡流過 jX_1 的電流 I_1。其中，E_1 和 E_2 同相，還有令

$$E_1 = 100 \text{ (V)}、E_2 = 60 \text{ (V)}$$
$$X_1 = 30 \text{ (Ω)}、X_2 = 20 \text{ (Ω)}、X_3 = 10 \text{ (Ω)}$$

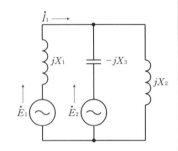

 這好像可以用克希荷夫定律來解吧。好！就試試看。假設電流的流動方向像右圖上畫的那樣，依據克希荷夫定律，

迴圈❶ $\quad jX_1\dot{I}_1 - jX_3\,(-\dot{I}_2)$
$$= \dot{E}_1 - \dot{E}_2 \qquad \cdots ①$$

迴圈❷ $\quad -jX_3\dot{I}_2 + jX_2\,(\dot{I}_1 + \dot{I}_2)$
$$= \dot{E}_2 \qquad \cdots ②$$

$X_1 = 30 \text{ (Ω)}$
$X_2 = 20 \text{ (Ω)}$
$X_3 = 10 \text{ (Ω)}$

將各個數值代入式①、式②裡，

$$j30\dot{I}_1 + j10\dot{I}_2 = 100 - 60$$
$$j30\dot{I}_1 + j10\dot{I}_2 = 40 \qquad \cdots ③$$
$$-j10\dot{I}_2 + j20(\dot{I}_1 + \dot{I}_2) = 60$$
$$j20\dot{I}_1 + j10\dot{I}_2 = 60 \qquad \cdots ④$$

以式③－式④的結果，

$$j10\dot{I}_1 = -20$$
$$\therefore \dot{I}_1 = j2 \text{ (A)}$$
$$I_1 = |\dot{I}_1| = 2 \text{ (A)}$$

如何!?

 各位！問題被解開囉！我們回去工作吧。

 呀～！修斯!!……寶物有兩袋哦……太棒了～!!

延伸閱讀

■諧振電路

所謂的諧振，是指交流電路的阻抗

$$\dot{Z} = R + j\left(\omega L - \frac{1}{\omega C}\right)$$

在 $\omega L = \dfrac{1}{\omega C}$ 時產生的現象。

這時的頻率就稱爲諧振頻率，以下式表示。

$$諧振頻率\ f = \frac{1}{2\pi\sqrt{LC}}$$

諧振發生時，阻抗會只有電阻的部分 R，電壓和電流相同，且都是最大值。諧振電路應用於振盪電路等許多的電氣迴路上。此外，有時大電流會造成不良影響。

■戴維寧定理

戴維寧定理是一種簡化電路的技巧。不論是多麼複雜的電路，在將阻抗 $\dot{Z}$ 連接到某端子時，只要知道該端子在進行連接前的電壓，就能夠以最單純的電路進行計算。

令一電路網路中的任意兩端子爲a、b，假設ab間的電壓爲 $\dot{E}_{ab}$，則將阻抗 $\dot{Z}$ 連接到該ab間時，流過 $\dot{Z}$ 的電流爲

$$\dot{I} = \frac{\dot{E}_{ab}}{\dot{Z}_0 + \dot{Z}}$$

上式中，$\dot{Z}_0$ 代表拿掉電路網路中的所有電動勢後，從ab端子看進去的等效阻抗。

以下，以直流電路上的應用簡單說明戴維寧定理。

①有一複雜電路，該電路的端子ab間有電壓 E_{ab}。欲求端子ab間接上電阻 R 時的電流。如果在這之前先在該端子間 E_{ab} 接上一抵消 E_{ab} 的電動

勢 E_1，則接上 R 後也不會有電流流通。

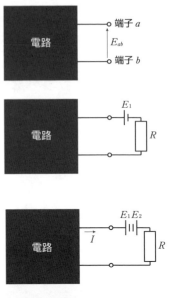

②接著，再想像有一個和該電路完全相同的電路，該電路中沒有電動勢，而 E_1 處有一和 E_1 相反極性的電動勢 E_2，由於 E_2 和 E_{ab} 相等，所以電流為

$$I = \frac{E_{ab}}{R_0 + R}$$

其中 R_0 是從 ab 看進去電路的等效電阻。

③現在將兩個電路重疊。重疊後，因為 E_1 和 E_2 極性相反，所以等同沒有任何電動勢。接著，在①中因為沒有電流流通，所以依據重疊定理，電流為

$$0 + I = I$$

若使用重疊定理和戴維寧定理來解第 156 頁的問題，過程如下。

用重疊定理解

（重疊定理請參照第 2 章的延伸閱讀→參閱第 74 頁）

(1)將 E_2 短路，電壓只有 E_1，這時流過 jX_1 的電流 $\dot{I}'_1$ 為

$$\dot{I}'_1 = \frac{100}{j30 + \dfrac{-j10 \times j20}{-j10 + j20}} = -j\,10$$

(2)將 E_1 短路，電壓只有 E_2，這時流過 jX_3 的電流 $\dot{I}'_3$ 為

$$\dot{I}'_3 = \frac{60}{-j10 + \dfrac{j30 \times j20}{j30 + j20}} = -j\,30$$

(3)令 $\dot{I'_3}$ 中分流到 jX_1 的部分為 $\dot{I''_1}$，則

$$\dot{I''_1} = -j\,30 \times \frac{j20}{j30 + j20} = -j\,12$$

流過 jX_1 的電流若以問題中的 $\dot{I_1}$ 之方向為正，則

$$\dot{I_1} = \dot{I'_1} - \dot{I''_1}$$
$$= -j\,10 - (-j\,12)$$
$$= +j\,2$$
$$\therefore I_1 = |\dot{I_1}| = 2 \ (A)$$

用戴維寧定理解

(1)為了求 jX_1 的電
流，如右圖般拆
開電路，求出AB
間的電壓 。令 C
點的電壓為 $\dot{E_3}$、
電流為 $\dot{I_2}$，則

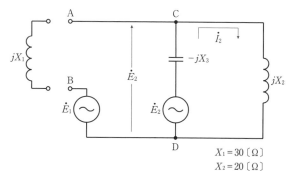

$X_1 = 30 \ (\Omega)$
$X_2 = 20 \ (\Omega)$
$X_3 = 10 \ (\Omega)$

$$\dot{I_2} = \frac{\dot{E_2}}{j20 - j10} = \frac{60}{j10}$$
$$= \frac{j60}{((j \times j) \times 10)}$$
$$= \frac{j60}{(-10)}$$
$$= -j\,6 \ (A)$$

分母和分子都乘上
$(j \times j) = -1$

$$\dot{E_3} = \dot{E_2} - (jX_3)\dot{I_2}$$
$$= 60 - (-j\,10) \times (-j\,6)$$
$$= 60 + 60$$
$$= 120 \ (V)$$

$\dot{E_1}$、$\dot{E_2}$、$\dot{E_3}$ 的向量
圖如右。

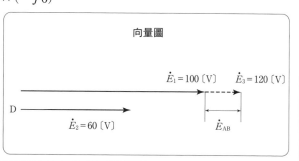

向量圖

$\dot{E_1} = 100 \ (V)$　$\dot{E_3} = 120 \ (V)$

D

$\dot{E_2} = 60 \ (V)$

$\dot{E}_{AB}$

因此，AB間的電壓 E_{AB} 為

$$E_{AB} = 20 \ (\text{V})$$

(2)從AB看進去的阻抗 $\dot{Z}_0$ 為

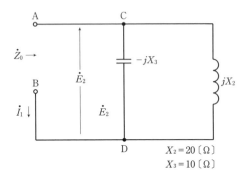

$X_2 = 20 \ (\Omega)$
$X_3 = 10 \ (\Omega)$

$$\dot{Z}_0 = \frac{j20 \times (-j10)}{j20 + (-j10)}$$

$$= \frac{-(j \times j) \times 200}{j20 - j10}$$

$$= \frac{-(-1) \times 200}{j10}$$

$$= \frac{200}{j10}$$

$$= -j\,20 \ (\Omega)$$

因此，流過 jX_1 的電流 $\dot{I}_1$ 為

$$\dot{I}_1 = \frac{E_{AB}}{Z + Z_0}$$

$$= \frac{20}{j30 - j20}$$

$$= -j\,2 \ (\text{A})$$

有－的符號，是因爲電流方向和圖中的相反。

第 4 章
三相交流電路

1.三相交流的優點

這裡也許還會有我的電腦零件也說不定。

硬碟應該沒有壞吧?

我也不曉得。但只看外觀的話應該是不要緊。

窸窸窣窣

其他零件果然不在這裡嗎?

162

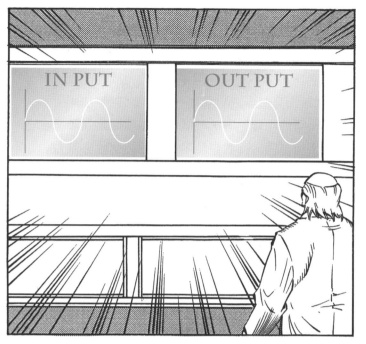

才到這裡，就已經出現單相交流電？

單相交流電有什麼不對勁嗎？

從這些設備來看，如果要將電力從這裡再進一步輸送到各地，這裡的電應該是三相交流才對。

什麼是三相交流啊？

163

●使用三相交流的理由

 知道為什麼當初家庭用的電源會使用交流的嗎？世界上第一座發電廠使用的是直流發電機，由愛迪生在 1879 年所建造。但是直流發電機的電壓降幅很大，不適合長程的電力輸送，而且直流電的電力一旦下降了便無法回復。這時出現了交流發電機，交流電使用變壓器，就能夠簡單地提高或降低電壓，因此電力可以輸送得比直流更遠。而如果使用的是三相交流，電力的輸送能夠比單相交流更加經濟。雖然在家庭裡面使用的是單相交流，但電力在牽入輸電線及工廠的階段，採用的是三相交流。我們看下面這張圖。我們接著要去的變電之鎮就像是這圖中被圈起來的部分。在那裡會遇到的考驗八九不離十就是三相交流的問題。所以你們得趁現在學會三相交流才行。

 一定很難對吧。

 害怕也無濟於事啊！你要想只要解開問題就可以獲得寶物，連我們需要的資金也會變得很充裕哦！

 歌絲摩，那偶爾換妳上場解解看！

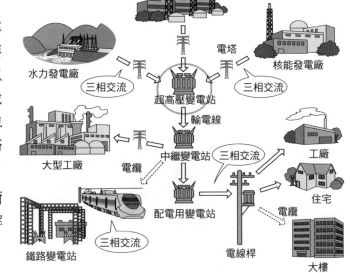

三相交流大顯身手

火力發電廠
水力發電廠
三相交流
電塔
核能發電廠
三相交流
超高壓變電站
輸電線
大型工廠
電纜
中繼變電站
三相交流
工廠
住宅
配電用變電站
電纜
鐵路變電站
三相交流
電線桿
大樓

 呵！我的數學、物理、電路都只學半套而已。洋太大師，請您要更加嚴格鍛鍊修斯啊！

 就包在我身上。畢竟我們一行人的命運都擔在他肩上。

164

2. 三相交流的連接方式

●星形和環狀形

 看下面這張圖表。

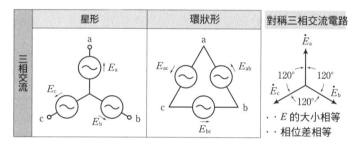

像這樣連接多個電源的形式叫多相交流。其中使用性最佳的就是三相交流。
三相交流中，如果各相的電動勢相等，且兩兩之間的相位差都相等的話，
就叫對稱三相交流。

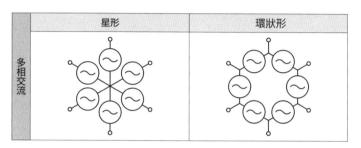

我要教的就是這種對稱三相交流。在旋轉一圈中，也就是在 2π〔rad〕中，
兩兩之間的相位差相等，所以

$$360° \div 3 = 120°$$

也就是

$$\frac{2}{3} \pi \ \text{〔rad〕}$$

三相交流的連接方法有兩種，星形（丫：星形）與環狀形（△：三角形）。
負載（阻抗）的連接也是有這兩種。

3. 用向量思考三相交流

●向量運算子

 看圖❶。令三相電動勢分別為 $\dot{E}_a$、$\dot{E}_b$、$\dot{E}_c$，三者的瞬時值因分別落後120°，而以abc的順序出現。如果三者以 E_a 為參考基準用向量表示的話，就如圖❷所示。這個向量圖裡，我們是設電壓大小爲1。記得交流電路的虛數單位 j 嗎？這裡再度採用了相同的概念，令一不會改變電動勢大小且使相位一次逆時針旋轉（這很重要，一定要是逆時針旋轉）120°的運算子爲 a。這個 a 在靜止向量的表示方法裡稱爲向量運算子。也就是說，乘上一次 a 就超前120°，乘兩次會超前 240°，乘三次就回到原點。利用這個向量運算子，可以將旋轉向量轉換成靜止向量。

我們可以將大小爲 1 的三相交流表示爲 1、a、a^2。當電動勢大小爲 E 時，只要分別乘上 E 即可。還有，這三者加起來，向量會是0。也就是

$$1 + a + a^2 = 0$$

這很重要，一定要牢牢記住。

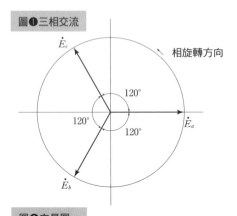

圖❶三相交流

相旋轉方向

120°
120°
120°

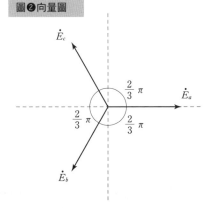

圖❷向量圖

$\frac{2}{3}\pi$
$\frac{2}{3}\pi$
$\frac{2}{3}\pi$

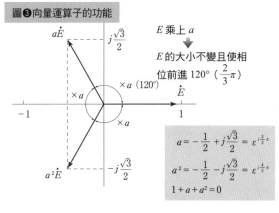

圖❸向量運算子的功能

$a\dot{E}$
$j\frac{\sqrt{3}}{2}$

E 乘上 a
↓
E 的大小不變且使相位前進 120°（$\frac{2}{3}\pi$）

$\times a$
$\times a \ (120°)$
-1
$\dot{E}$
1
$\times a$
$-j\frac{\sqrt{3}}{2}$
$a^2\dot{E}$

$$a = -\frac{1}{2} + j\frac{\sqrt{3}}{2} = \varepsilon^{j\frac{2}{3}\pi}$$

$$a^2 = -\frac{1}{2} - j\frac{\sqrt{3}}{2} = \varepsilon^{j\frac{4}{3}\pi}$$

$$1 + a + a^2 = 0$$

●三條電線的理由

接下來是三相交流中很有趣的部分。三相交流是由相位分別為 0°、120°、240°的單相交流結合而成。先看右圖。如圖所示，一開始各交流電源各自形成封閉迴路。這時若令負載大小皆相同，則電流雖然相位不同但大小相同。如此一來，正中央圈起來的電線就能結合為一條。你覺得這會變成什麼樣？

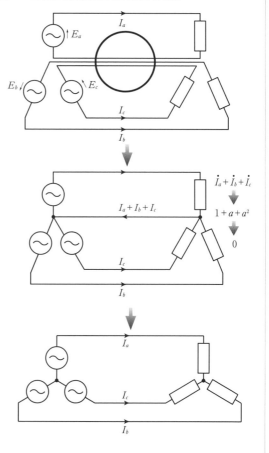

全部的電線變為四條。

沒錯。而那一條電線上流通的是大小和頻率相同、相位差為 120°、240°的電流。若令該些電流分別為 $\dot{I}_a$、$\dot{I}_b$、$\dot{I}_c$，且令它們的總和為 $\dot{I}_0$，則可成立下式

$$\dot{I}_0 = \dot{I}_a + \dot{I}_b + \dot{I}_c \quad \cdots ①$$

若再考慮三相的向量，則

$$\dot{I}_a = I \quad \cdots ②$$
$$\dot{I}_b = a^2 I \quad \cdots ③$$
$$\dot{I}_c = aI \quad \cdots ④$$

如果將式②、式③、式④代入式①的話……修斯，你來說！

$$\dot{I}_0 = I + a^2 I + aI$$
$$= I (1 + a^2 + a)$$

啊！括號裡等於 0 呀，也就是說不會有電流流動。

沒錯，所以說可以把這條電線拿掉。

4. Ｙ和△的三相交流

●Ｙ連接與△連接

 應該已經明白如果電流大小相同，電線就會變爲三條。那麼實際情形又是如何呢？

剛才說明了Ｙ連接與△連接。這個連接方法可以運用在電源側和負載側兩方，所以組合方式有下圖四種。

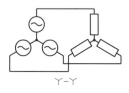

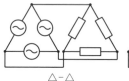
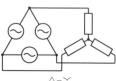

Ｙ－Ｙ　　　　Ｙ－△　　　　△－△　　　　△－Ｙ

首先來看電源側。右圖是電源側爲Ｙ連接的形態。各相的電壓稱爲相電壓，a、b、c各端子間的電壓稱爲線間電壓。各相的相電壓相減就是線間電壓。也就是

$$E_{ab} = E_a - E_b$$

又從向量圖可知，線間電壓爲

線間電壓 $= \sqrt{3} \times$ 相電壓

且各線間電壓的相位比各相電壓超前 30°（$\frac{\pi}{6}$）。這和將相電壓以△連接的形態來連接相同，也就是等效電路。接著來看負載側。思考一下在△連接的對稱三相負載施加對稱三相電壓時的電流。各相的電流可

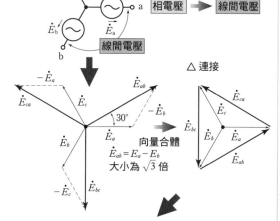
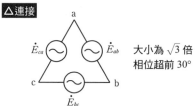

以使用克希荷夫的第二定律（克希荷夫電壓定律，「封閉迴路內的電動勢之和，等於負載上的電壓之和」）求出。因爲是對稱三相負載，所以各相的電流，亦即相電流，也分別有 120°（$\frac{2\pi}{3}$）的相位差。

所以各線的電流，即線電流可
以使用克希荷夫的第一定律（克
希荷夫電流定律，「迴路某一
點的電流之總和，等於流出該點
的電流之總和」），為各相電流
的向量相減。也就是說在a點為

$$\dot{I}_a = \dot{I}_{ab} - \dot{I}_{ca}$$

亦即為

線電流＝$\sqrt{3}$×相電流

且可知各線電流的相位比各相電流落後 30°（$\frac{\pi}{6}$）。

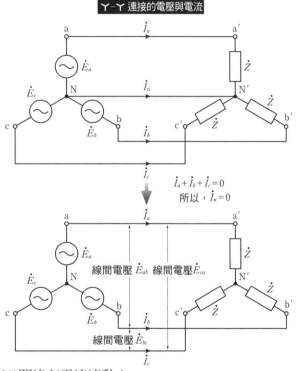

線電流的大小為相電流的 $\sqrt{3}$ 倍，相位則是落後 30°

●丫－丫連接與丫－△連接

這次我們同時看電源和
負載兩方。右圖是電源
和負載兩方都是丫連接
的電路。我們在N和N′
間拉一條線，從四條線
的地方開始。看這圖應
該可以知道這是單相交
流的結合吧。

$$\dot{I}_a + \dot{I}_b + \dot{I}_c = 0$$
所以，$\dot{I}_n = 0$

丫－丫連接的電壓與電流

N－N′間的電流可以用
下式求出

$$I_a + I_b + I_c$$

這個電路是對稱三相電
路，各相電流的大小相
等、相位為 120°，所以
總和會為 0。也就是說N－N′間沒有電流流動！

線間電壓 $\dot{E}_{ab}$ 線間電壓 $\dot{E}_{ca}$

線間電壓 $\dot{E}_{bc}$

都懂了嗎？所以N－N′間的電線也不需要。這時，

線間電壓＝$\sqrt{3}$×相電壓（超前 30°）

線電流＝相電流

和線間電壓相較，線電流落後了 30°。

再來，是電源為丫連接、負載為△連接的形態。在思考這種形態時，要注意線間電壓超前相電壓30°。還要注意施加在各負載上的是線間電壓而非相電壓。修斯，把它用向量表示看看。

 呃，流通的相電流和線間電壓是同相，線電流比相電流落後30°，所以線電流比線間電壓落後30°。又線間電壓超前相電壓30°。先是超前 30°接著又落後30°，結果就是線電流和相電壓是同相。

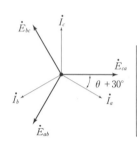

線間電壓比相電壓超前 30°。線電流又比線間電壓落後 30°。所以，相電壓和線電流同相。

 那麼，試著算看看電流量。線間電壓為

$$\sqrt{3} \times 相電壓$$

線電流為

$$\sqrt{3} \times 相電流$$

所以

$$I_a = \frac{3E_a}{Z}$$

這和將 $\frac{Z}{3}$ 負載以丫連接時相同。

因此可以說，在求線電流時，△連接負載等效於 $\frac{Z}{3}$ 負載的丫連接。

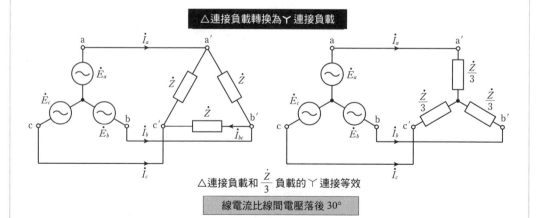

△連接負載轉換為丫連接負載

△連接負載和 $\frac{Z}{3}$ 負載的丫連接等效

線電流比線間電壓落後 30°

教授，差不多該停下來休息了。

也好。

哈哈

不好意思，打擾一下。

飄浮

誰啊？

想不想要這個？

那是教授電腦的記憶體！

171

看來教授的電腦眞的是
被拆得七零八落了。
那麼要怎麼樣才
能取得呢？

這要想想了，
大姊有沒有什
麼在行的呢？

飄

浮

哦？想和我比試嗎？
那就來比格鬥技吧！

喀
啦

格鬥技是吧？
也可以啦。
明天就來比。

飄

浮

還有一條在另
外一個元件的
手上喔。

那條也想要
嗎？還眞是
貪心啊。

當然想要啊！
沒裝上兩條記憶
體，電腦無法順利
運作啊！

等等！你手上只有
一條記憶體嗎？

那我明天會
多帶一位過
來。

浮

飄

到時誰輸誰贏
很難說喔。

閃開

我認輸了！

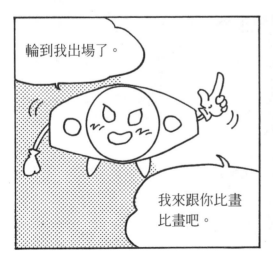

輪到我出場了。

我來跟你比畫
比畫吧。

我們要比什麼？

比這個！

飄浮

把這記憶體放在兩個人中間，看我們誰先用鞭子拿到那記憶體就贏。

可是我又沒有鞭子。

不介意的話，我的可以借你。

我們就以下個閃電作信號。

轟隆隆

175

5 分鐘經過…

10 分鐘經過…

再這樣下去是比不出勝負的。

唉

飄 浮

讓我來好了。我一發光就代表開始。

至於什麼時候發光,由我決定。

噗 通

噗通
噗通

亮

要哥！
使得太漂亮了！

看起來是不分勝負呐。
這樣如何是好？

好！就來猜拳！
剪刀、石頭……

飄浮

要不就用猜拳決定？

像不像我的偶像印第安那瓊斯啊。

布

記憶體怎麼樣？
沒壞吧？

外觀看起來
是沒事啦……

話說回來，火渦真
不簡單。沒讓鞭子
打中記憶體。

嗯！我想說要是
讓鞭子打壞記憶
體的話，就前功
盡棄了。

我們還是先把記
憶體裝進電腦裡
吧。

只缺 CPU 了。

好！出發！

●**非常簡單　△電源**

今天要上的是△−丫連接電路，也就是對稱△電源連接對稱丫負載的形態。這時，只要把電源側的△形轉換成丫形來處理即可。也就是說，轉換成大小變爲 $\frac{1}{\sqrt{3}}$、相位落後 30° 的丫形源電源。來看向量圖可以幫助我們更爲理解。

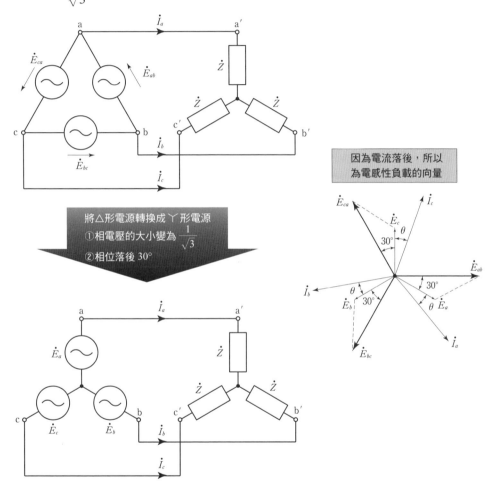

最後是△−△電路，也就是對稱△形電源連接對稱△形負載的形態。同樣地，轉換成丫形後的結果是

①電源轉換成大小爲線間電壓的 $\frac{1}{\sqrt{3}}$、相位落後 30° 的相電壓

②負載轉換成大小變爲 $\frac{\dot{Z}}{\sqrt{3}}$ 的丫連接

電流方面，在丫－丫連接中，相電流＝線電流，所以線電流為①÷②，結果為

A＝大小為 $\sqrt{3}$ 倍且相位落後 30°

若轉換成△負載的相電流，則相電流變為線電流的

B＝大小為 $\dfrac{1}{\sqrt{3}}$ 倍且相位超前 30°

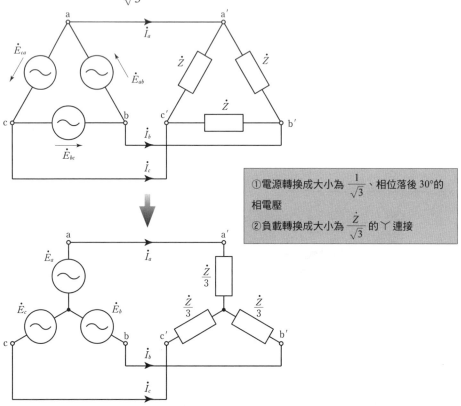

①電源轉換成大小為 $\dfrac{1}{\sqrt{3}}$、相位落後 30°的相電壓

②負載轉換成大小為 $\dfrac{\dot{Z}}{\sqrt{3}}$ 的丫連接

△－△連接的電流整理如下表。

△－△ 連接的電流		
	線電流	相電流（負載側）
大小	變為電源的相電流的 $\sqrt{3}$ 倍	變為 $\dfrac{1}{\sqrt{3}}$ 倍（回復成原狀）
相位	落後 30°	超前 30°（回復成原狀）

在△－△的電路中，只要將施加在各負載上的相電壓，直接除以該相的阻抗，就可以求得相電流。

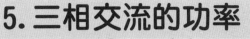

5.三相交流的功率

教授,已經可以看得到變電之鎮了。

旅人英雄們終於來到我們鎮了啊。

躂躂躂躂

感謝老天!

我們有救了!

請問旅館的老闆也在這裡嗎?

我就是這個鎮旅館的老闆。

哦哦!是彩子!

興奮

彩子在這鎮上……好!這個鎮的問題就包在我的身上!

你是……
誰啊？

洋太大師，你
沒事吧？你的
臉色……

是彩子教授嗎？

你看什麼看得
這麼入迷啊？
你不是已經有我了嗎？

呃……是

快讓開！

誰來駕馬！我
們立刻出發！

彩子教授能夠
平安，無事眞
是太好了。

是啊。不過……
彩子教授給人的
感覺有點不一樣
耶。連洋太教授
都忘記了。

感覺不一樣？

同化？妳是說在彩子教授身上感覺不到存在感是嗎？

彩子教授……

她比我們早一星期到這裡對吧？

雖然外表看起來是彩子教授沒錯，但少了平常那種朝氣蓬勃的感覺。

是被這裡的居民給同化了嗎……

是啊。

一旦在這裡待得太久，就會漸漸被這裡的人給同化了，不是嗎？

可是，那兩個人非常有存在感啊。

那兩個人只能說是例外。不管從哪個角度來看，這個世界顯然是元件比人還具有存在感。

彩子……幸好你沒事。

雖然我不認識你，但你是來救我的對嗎？

當然！我們一起回去吧！

這個……不行。還不能回去。

要把我從這裡解放出去，你們必須解開最後的問題才行。

電腦的CPU在我這裡，由我保管著。

解不開問題的話，CPU是不可能交給你們的。

是誰託妳保管的？

這城鎮的元件，是最大的LSI。

你們已經準備好要解問題了嗎？

我準備好了。

你不行。

要由那兩個年輕人來答。

唔……這樣的話，那讓他們明天再來答好嗎？

還有一些東西一定要教給他們知道才行。

那麼就改明天。今天我就為各位做一桌豐盛的料理。

我也來幫忙。

火渦、越模，他們就交給你們了。

那位就是洋太大師的夫人嗎？好美哦。

彩子教授給人的感覺好像不一樣了。

唔……似乎是失去了記憶，還被什麼給附身了的樣子……

能平安無事是最好不過的了。

那麼，修斯，我們再來上一些課吧。

我隨時 OK！

好！
要開始囉！

186

我們來思考一下三相交流的功率。如果連這也能理解的話，基本上我們已經達到非常棒的成果了。

三相交流是由三個單相交流結合而成的，所以功率是三個單相電路的功率的總合。假設三個功率分別為 P_a、P_b、P_c，則三相交流的功率 P_0 便為

$$P_0 = P_a + P_b + P_c$$

如果是對稱三相交流，則功率 P 為

$$P = 3 \times 電向壓 \times 線電流 \times \cos\theta（相電壓與相電流的相位差）$$
$$= 3EI\cos\theta〔W〕$$

用線間電壓和線電流來表示的話，可整理如下圖的關係。實際上，電力線有很多就是使用三相交流，所以這些要牢牢記得才行。

| 三相交流的功率 | 關於三相交流的功率，不論是Ｙ連接還是△連接，只要使用線間電壓和線電流，就會得到相同的式子。（此處令相電壓為 E、線間電壓為 E_0、相電流為 I、線電流為 I_0） |

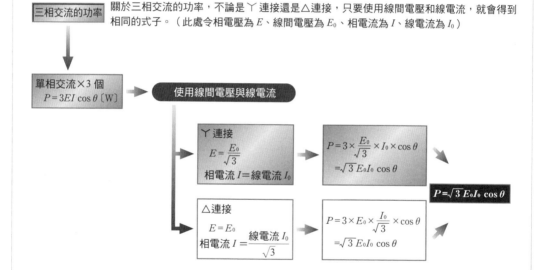

這樣三相交流的基礎部分，應該已經大致理解了才是。要不要挑戰練習題？

好的！我要挑戰!!

三相交流

 例題 1

將如右圖❶所示△連接的電阻 r_1、r_2、r_3，等效換算成如右圖❷所示的丫連接時的等效電阻 R_1。還要反過來求從丫形轉換成△形時的等效電阻 r_1。

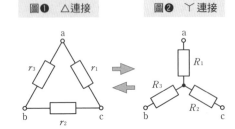

圖❶ △連接　　圖❷ 丫連接

 先來看從△轉換成丫好了。

要將△連接轉換成丫連接時，從端子 ab、bc、ca 各自看進去的等效電阻是相等的，所以下列各式成立。

$$\text{ab 間} \quad \frac{r_3(r_1 + r_2)}{r_1 + r_2 + r_3} = R_1 + R_3 \cdots\cdots\text{①}$$

$$\text{bc 間} \quad \frac{r_2(r_1 + r_3)}{r_1 + r_2 + r_3} = R_2 + R_3 \cdots\cdots\text{②}$$

$$\text{ca 間} \quad \frac{r_1(r_2 + r_3)}{r_1 + r_2 + r_3} = R_1 + R_2 \cdots\cdots\text{③}$$

$$\therefore R_1 = \frac{r_3 r_1}{r_1 + r_2 + r_3} \ (\Omega)$$

接著是從丫轉換成△。

要將丫連接轉換成△連接時，用電導表示的話會比較容易導出。已知從端子 ab、bc、ca 各自看進去的等效電導是相等的，將空接的端子依序逐個短路進行計算。則 ab 間短路時，bc 間的電導為

$$\frac{1}{R_3} + \frac{R_1 R_2}{R_1 + R_2} = \frac{1}{r_2} + \frac{1}{r_3} \cdots\cdots\text{④}$$

而 bc 間短路時，ca 間的電導為

$$\frac{1}{R_1} + \frac{R_2 R_3}{R_2 + R_3} = \frac{1}{r_1} + \frac{1}{r_3} \cdots\cdots\text{⑤}$$

將 ca 間短路時，ab 間的電導爲

$$\frac{1}{R_2} + \frac{R_3 R_1}{R_1 + R_3} = \frac{1}{r_1} + \frac{1}{r_2} \cdots\cdots\cdots ⑥$$

式（⑤＋⑥－④）爲

$$2 \times \frac{1}{r_1} = \frac{2R_3}{R_1 R_2 + R_2 R_3 + R_3 R_1}$$

$$\therefore r_1 = \frac{R_1 R_2 + R_2 R_3 + R_3 R_1}{R_3} \ (\Omega)$$

解完了！對不對？

 看來都能理解喔。解開下一題，三相交流就可以告一段落了唷。

例題 2

右圖是一個在相電壓 10〔kV〕的對稱三相交流電源，連接由電阻 R〔Ω〕與感抗 X〔Ω〕組成的平衡三相負載的交流電路。求平衡三相負載的總消耗功率爲 200〔kW〕、線電流 I 的〔A〕大小（純量）爲 20〔A〕時的 R〔Ω〕和 X〔Ω〕之值。

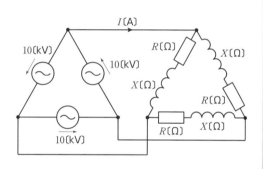

 如右圖所示，△ 連接的負載的相電流 I_s 的大小爲線電流 I 的 $\frac{1}{\sqrt{3}}$ 倍，所以

$$I_s = \frac{20}{\sqrt{3}} \ (A)$$

因爲總消耗功率爲 200〔kW〕，所以負載於一個相的有效功率 P_s 爲

$$P_s = \left(\frac{200}{3} \right) \times 10^3 \ (W)$$

負載電阻 R 則爲

$$R = \frac{P_s}{I_s{}^2}$$

$$= \frac{\dfrac{200 \times 10^3}{3}}{\left(\dfrac{20}{\sqrt{3}} \right)^2}$$

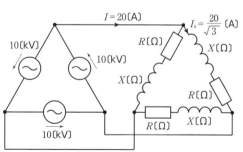

$$= \frac{1}{2} \times 10^3 = 500 \; \Omega$$

令相電壓為 E_s，則負載於一個相的阻抗 Z_s 為

$$Z_s = \frac{E_s}{I_s}$$

$$= \frac{10 \times 10^3}{\dfrac{20}{\sqrt{3}}}$$

$$= 500 \sqrt{3} \; (\Omega)$$

而所求的 $X \; (\Omega)$ 為

$$X = \sqrt{Z_s^2 - R^2}$$

$$= \sqrt{(500 \sqrt{3})^2 - 500^2}$$

$$= 500 \sqrt{3 - 1}$$

$$= 500 \sqrt{2} \; (\Omega)$$

非常好。這樣一來，我想不管是遇到什麼題目都不會有問題了。

好！
準備 OK 了！

洋太大師，我要
來挑戰問題了！

信心滿滿

各位，先喝
個茶吧。

我還準備了蘋果
派和點心哦。

修斯，明天吧！
今天就開個派對
慶祝一下和彩子
的重逢。

她做的蘋果派
可是人間美味
喲。

哈哈哈
阿呵

191

那麼修斯小弟，你準備好了嗎？

 隨時奉陪哦。

 問題是這紙上寫的這個。
「求圖中負載的等效阻抗」。

 咦？好特別的電路啊……。我可以
直接把答案寫在紙上嗎？

 可以啊。

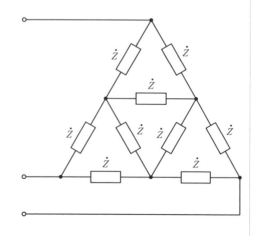

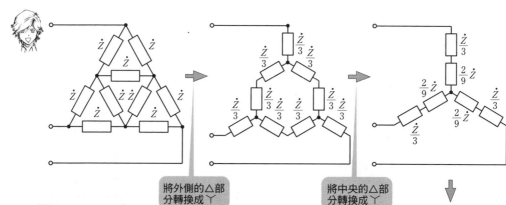

將外側的△部
分轉換成Ｙ

將中央的△部
分轉換成Ｙ

好，完成了。對不對？

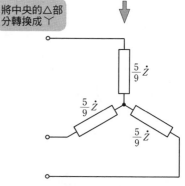

你真的很努力呢。解得非常好。

192

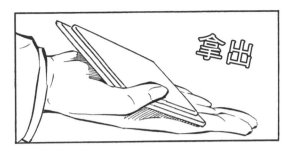

拿出

啪嘰
啪嘰

啊！
親愛的，好久
不見了呢。

現在修斯的等級，已經提升
到能夠完全掌握交流的基
礎知識了，歌絲摩的等級
也有提升。

而且還學到了
電氣產品的知識，
也讓我的妻子恢復了。

電腦的零件也全都
找齊了，真是可喜
可賀呀。只剩下電源
變壓器還沒到手。

然後就可以
回到原來的
世界了！

旋轉磁場、變頻器電路

■旋轉磁場

旋轉阿拉哥圓盤時，磁鐵便會以較慢的速度跟著旋轉。使磁鐵或圓盤旋轉，磁場也會跟著旋轉。這就是感應電動機的原理。

若以間隔120°的方式配置3個線圈，接上三相交流電，則磁場會和電流一樣地以正弦波變化。若以向量來描述，即是以固定的角速度ω往逆時針方向旋轉。這就叫做旋轉磁場。

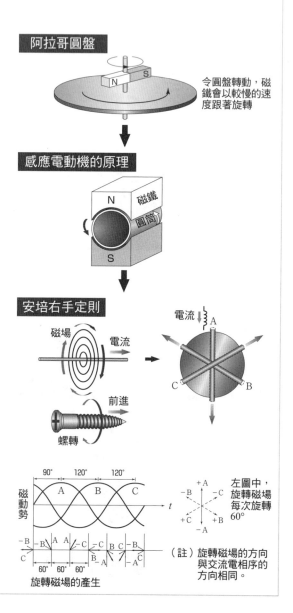

阿拉哥圓盤

令圓盤轉動，磁鐵會以較慢的速度跟著旋轉

感應電動機的原理

磁鐵　圓筒

安培右手定則

磁場　電流

電流

前進

螺轉

左圖中，旋轉磁場每次旋轉60°

磁動勢

旋轉磁場的產生

（註）旋轉磁場的方向與交流電相序的方向相同。

194

單相交流馬達的旋轉

一般家庭裡的電扇等家電中的馬達是單相交流馬達，而單相交流電所形成的磁場，乃是隨著時間增減的交變磁場，但光是這樣並不會使磁場旋轉的。此交變磁場能夠分解為旋轉方向互為反向、大小為 $\frac{1}{2}$ 的旋轉磁場，所以只要藉由外力使其往任一方向啟動，磁場便會往該方向旋轉。單相交流馬達為此而裝有「自啟動裝置」以使其旋轉。自啟動裝置有「蔽極式線圈型」、「電容啟動型」等各種類型。

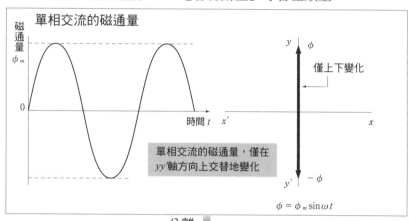

單相交流的磁通量

僅上下變化

單相交流的磁通量，僅在 yy' 軸方向上交替地變化

$$\phi = \phi_m \sin \omega t$$

分離

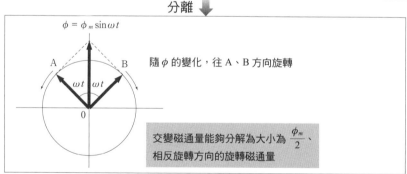

$$\phi = \phi_m \sin \omega t$$

隨 ϕ 的變化，往 A、B 方向旋轉

交變磁通量能夠分解為大小為 $\frac{\phi_m}{2}$、相反旋轉方向的旋轉磁通量

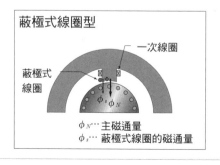

蔽極式線圈型

一次線圈

蔽極式線圈

ϕ_s　ϕ_N

$\phi_N \cdots$ 主磁通量
$\phi_s \cdots$ 蔽極式線圈的磁通量

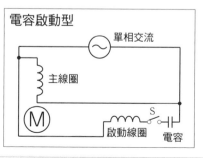

電容啟動型

單相交流

主線圈

M　啟動線圈　S　電容

■反用換流器（變頻器）

二極體是一種只能單方向通過電流的元件，利用二極體電路，能夠將交流轉換為直流。這種裝置就叫整流器（或叫換流器）。

若將這種換流器反過來運用，就能將直流轉換成交流。這樣的電路稱為反用換流器（變頻器）。反用換流器（變頻器）能夠自由控制輸出的交流電的頻率，因此被使用在馬達的轉速控制等用途，常見於冷氣機、吸塵器等許多電器中。

二極體電路

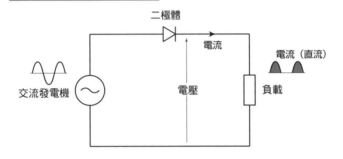

變頻器

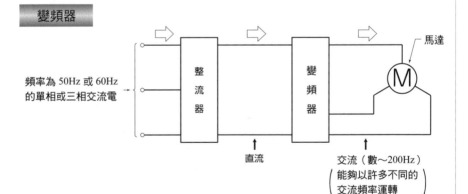

第 5 章
發電・輸電

獎品只有CPU
而已嗎？

哎呀！的確
只有CPU唷。

呵呵

這棟旅館全部送給
你們好了。
反正我要和他一起回去，
已經不需要這旅館了。

微笑

這整棟旅館？

左看

右看

如果把這裡賣掉，
賣得的錢可以讓我
們從畢業後用個兩、
三年，夠我們的生意
上軌道呢。

也可以就在這
裡做生意。

這麼一來不就達到我
們預定的目標了嗎！

對啊，可以結
束我們的旅途
了呢。

都來到這裡了，我
們送大師他們到最
後一站啦。

也是，那也不錯。

198

從這裡到發電之鎮大概要多久？

太陽下山前應該到得了。

我是聽別人這麼說的，實際上並沒有去過，所以我也不是很清楚。

咚咚咚

喔？這裡是採用水力發電啊！

咚咚咚咚咚

還環保的嘛。

因為環境很重要啊。

馬車從這裡開始就進不去了。

請大家下車用走的吧。

寶物！寶物！

塞

塞

親愛的，
還有電腦。

食物！食物！

塞

塞

拉緊

妳幫我拿著吧。

我負責帶食物。

水和煮飯的器具，
就麻煩火渦哥和越
模姊了。

OK！

辛苦你們了！你們在這
裡休息一會兒吧。聽到
我的呼叫要回來哦。

了解！

洋太大師，
今天有沒有什麼新東
西要教我的嗎？

一想到這裡會出
的問題，心裡就
開始不安了起
來。

是嗎？那我們在這
裡休息一下好了。
順便再學點新的
東西吧。

發電・輸電

 這裡要學的新東西是變壓器。在發電廠產生的電力，電壓並沒有那麼高，頂多6.6kV或11kV左右。為了要將這些電力輸送到遠方，就得靠變壓器大顯身手了，連50萬V的輸電線都有哦。

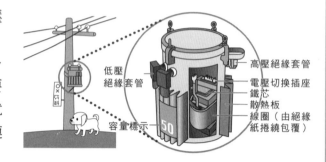

高壓絕緣套管
電壓切換插座
鐵芯
散熱板
線圈（由絕緣紙捲繞包覆）
低壓絕緣套管
容量標示

一般而言，發電廠的發電能力是以電能量表示，用公式表示的話就是

$$P = E \times I$$

也就是說，在輸送電力時，只要能夠提高電壓就可以降低電流。電流降低，就能減少輸電時的損失。利用變壓器，將電壓提升為高電壓後送出，再利用變壓器降為低電壓，以此方式將電力供給到各負載。而變壓器存在以下的關係式，令一次側線圈的繞線匝數為 N_1、二次側的繞線匝數為 N_2，則二次側的電壓 E_2 為

$$E_2 = \left(\frac{N_2}{N_1} \right) \times E_1$$
$$(E_1 = \text{一次側的電壓})$$

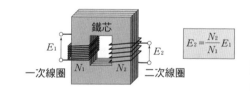

鐵芯
E_1 　 E_2
一次線圈　N_1　N_2　二次線圈

$$E_2 = \frac{N_2}{N_1} E_1$$

除此之外，為了避免輸電損失，針對輸電線的部分也採取了許多措施。輸電損失的主要原因，在於電線的電阻會消耗電力，而電阻本身也有定律存在，即輸電線的電阻是和其長度成正比、和截面積成反比。因此，為了減少輸電損失，所採取的措施有例如將輸電線的截面積加大、使用內部電阻較小的材質等，另外還有超導的研究也在進行中。

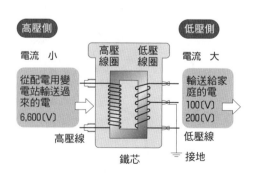

高壓側
電流 小
從配電用變電站輸送過來的電
6,600〔V〕
高壓線

高壓線圈　低壓線圈
鐵芯

低壓側
電流 大
輸送給家庭的電
100〔V〕
200〔V〕
低壓線
接地

親愛的，你每次一上課就會肚子餓呢。

時間點掌握得太恰到好處了，不愧是我的妻子。

好了，該出發囉。要是再不早點回去的話，越模小姐的父母會擔心的。

那不要緊。我已經傳簡訊跟他們說，我現在和阿要在一起。

蛤？

哈哈哈！看樣子火渦你完全拿越模沒輒呢。

總之，快出發吧！

203

咚咚咚咚咚

終於來到最後的終點站了。

為什麼大師這麼篤定？

寶物～
寶物～

匡

隆

因為從目前為止的發展來看，這裡應該是最後一關了。

會出什麼樣的問題呢？

什麼聲音？

隆

匡

啊～有種不祥的預感……

先闖闖看再說吧！

匡隆

臭傢伙！你別囂張！

唭？來者何人？

匡隆

爲何而來？想逞英雄來解問題的嗎？

什麼逞英雄？修斯可是眞正的英雄！

指

喂！無關緊要的話就別說了啦。

有趣！那位逞英雄的，你就解解看這個問題吧！

匡隆

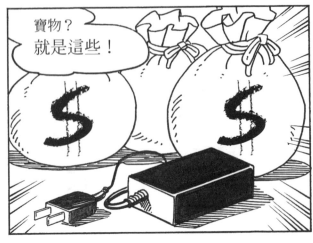

寶物？
就是這些！

在這之前，要先讓我們知道有什麼寶物才對吧！

哦！
電源變壓器！

這樣就全部到齊了！

有三袋耶！

修斯！
解決它！

問題就是這個！

飄落

是不對稱三相電路，求

E_0！

 是這個啊！我想想看……

 （克希荷夫、克希荷夫

……）

 對了！

使用克希荷夫定律……。

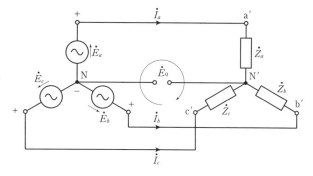

$$\dot{I}_a + \dot{I}_b + \dot{I}_c = 0$$
$$\dot{Z}_a \dot{I}_a - \dot{Z}_b \dot{I}_b = \dot{E}_a - \dot{E}_b$$
$$\dot{Z}_b \dot{I}_b + \dot{Z}_b (\dot{I}_a + \dot{I}_b) = \dot{E}_b - \dot{E}_c$$

這交給讀者解解看囉！

中性點間的電壓 $\dot{E}_0$ 爲

$$\dot{E}_0 = \dot{E}_a - \dot{Z}_a \dot{I}_a$$

對吧！

使用密爾曼定理

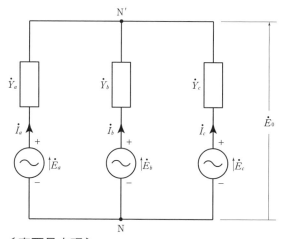

$$\dot{E}_0 = \frac{\dot{I}_a + \dot{I}_b + \dot{I}_c}{\dot{Y}_a + \dot{Y}_b + \dot{Y}_c}$$

$$= \frac{\dot{E}_a \dot{Y}_a + \dot{E}_b \dot{Y}_b + \dot{E}_c \dot{Y}_c}{\dot{Y}_a + \dot{Y}_b + \dot{Y}_c}$$

〔密爾曼定理〕

$$\text{N} - \text{N}'間的電壓 } \dot{E}_0 = \frac{將 \text{N} - \text{N}'間短路時的各支路電流之和}{各支路電阻的倒數之和} \text{〔V〕}$$

嗚～
我輸了。

匡隆

匡隆

為什麼你們要丟下
工作不管呢？

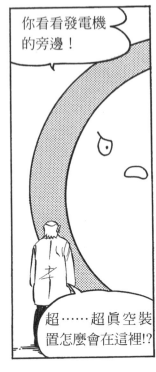

你看看發電機
的旁邊！

超……超真空裝
置怎麼會在這裡!?

我想誰都沒辦法在
這種東西突然出現
的狀況下工作吧。

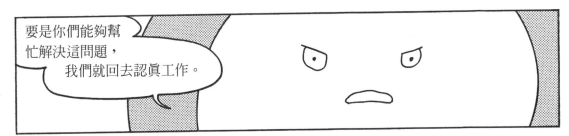

要是你們能夠幫
忙解決這問題，
我們就回去認真工作。

原來如此！現在修斯的等級
已經提升到完全掌握初級電氣迴
路，歌絲摩的等級也有提升，而且還存
到了幾乎可以擁有一家百貨公司的錢，
已經可以畢業了！

不過，這個超真空裝
置，該拿它如何是好呢？

延伸閱讀

輸電系統

■智慧電網

　　所謂的智慧電網，就是除了使用火力、水力、核能發電之外，再加上風力、地熱、太陽能發電等多樣化的發電設備；有效運用資訊科技，配合這些發電方式，整合家庭、辦公場所、工廠等的電力消耗，並進行智慧控制。其目的在於達到電能的供給與消費的最佳效率化。

　　智慧電網必須隨時監測電力的供需狀況，隨著負載的變化，瞬間執行電源的切換和電力控制。另外，對於住家在夜間對電動汽車進行充電和儲備電池電力的用電行為，也正納入研究之中。智慧電網的目標之一，即是減少未來輸電系統中能量的浪費，以最小的成本建構出智慧型的輸電網路。

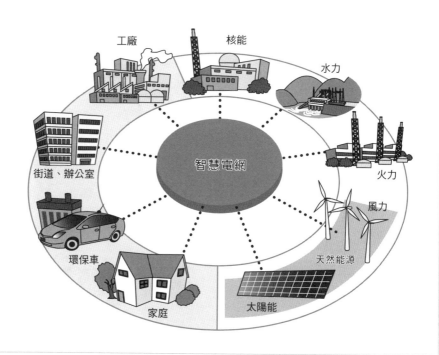

工廠　　核能　　水力　　火力　　風力　　天然能源　　太陽能　　家庭　　環保車　　街道、辦公室　　智慧電網

■微波輸電技術

　　微波輸電是一種想用來取代目前的電線式輸電線路的輸電系統。是先將發電廠產生的電力轉換成微波後，以類似行動電話的無線傳輸方式傳輸微波，在受電點處再將所接收的微波轉換為電力。微波輸電系統的應用，從太空太陽能發電系統，到離島、遠地以及機器人和電動汽車的電力傳輸等等，可以說備受期待。

　　微波輸電系統是由微波輸電子系統（發送機）、波束形成控制子系統（高精密度的波束輸電控制裝置）、微波受電整流系統（受電‧整流裝置）所構成。然而，雖然微波輸電系統的各種應用備受期待，但微波對生物、人體和自然環境、現存的通訊系統等的影響如何以及降低它的不良影響的方法等，都是尚待研究的課題。

■超導技術

　　有一種金屬，當將其溫度降低到0K（−273℃）左右時，便會出現其電阻幾乎為0的現象。這種現象就叫超導電性。

　　超導體的電阻基本上為0，所以就算流通電流也不會產生損失。因此科學家研發出了許多利用這特性的超導機器。例如應用在核融合與磁浮列車的超導磁鐵、線性馬達列車的超導同步發電機、超導電纜、超導變壓器等。使用超導技術，便能夠流通大電流，因此能夠讓輸電容量等產生巨幅的成長，並且達到機器的小型化及輕量化的效果；而且因為無損失，所以還能使效率提升。為了讓超導體維持在低溫，一般

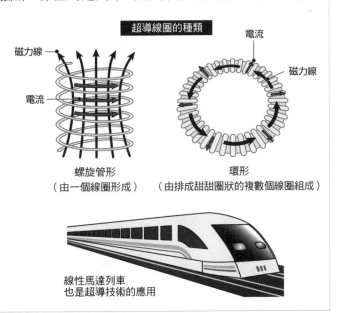

超導線圈的種類

磁力線
電流
螺旋管形
（由一個線圈形成）

電流
磁力線
環形
（由排成甜甜圈狀的複數個線圈組成）

線性馬達列車
也是超導技術的應用

採用液態氦等來進行冷卻。

　　此外，還有利用超導技術的電力儲存應用。當具有電感量 L〔H〕的線圈流通有直流電流 I〔A〕，便能夠儲存如下式大小的磁能：

$$\frac{1}{2} L I^2 \text{〔J〕}$$

超導技術的電力儲存便是利用這個原理。若線圈是使用超導電線，並在流通有電流的狀態下將線圈兩端短路，則因為沒有電流損失所以電流能夠恆久地流動下去。超導線圈的形式，有由一個線圈形成的螺旋管形，以及由排成甜甜圈狀的複數個線圈組成的環形。

　　此種超導電力儲存方式的儲存效率高且響應速度快，因此讓人們對未來電力系統負載的平準化及穩定化充滿期待。

發電系統

■太空太陽能發電

　　所謂太空太陽能發電，就是讓鋪滿巨大太陽能電池面板的太陽能發電衛星（Solar Power Satellite; SPS）運行在有強烈太陽光照射的太空空間裡，再將電力供給到地球上的技術。其主要包含兩個系統，即利用太陽能面板將太陽光轉換為電力的太陽能電池系統，以及將所產生的電力轉換成微波，再以準確的精度向地球傳送，由地面上或海上的天線接收微波的微

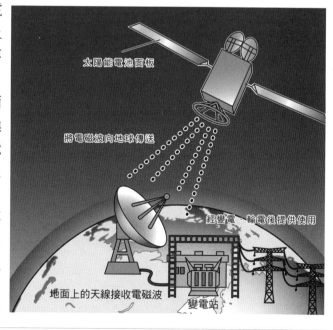

太陽能電池面板

將電磁波向地球傳送

經變電・輸電後提供使用

地面上的天線接收電磁波

變電站

波輸電系統。

　　在太空空間裡利用太陽能和在地球上利用太陽能是不同的。在太空中，因為不受日夜及天候的影響，故能維持供給穩定的電力。這種電力在供給時不會製造二氧化碳，因此被視為是終極的乾淨能源而受到期待。

　　建構太空太陽能發電所需要的技術包括太空運輸、大型結構體組裝、太陽能發電、微波輸電、半導體技術、機器手臂技術、輸配電技術等，不論何者皆能夠藉由整合現今各領域的技術來實現。

　　若要利用太空太陽能發電提供約 100 萬kW等級的電力，其設備規模，需要兩片尺寸為 2km×4km 的太陽能電池面板，接收天線的直徑則約 10km。為了實現太空太陽能發電，還必須進一步降低太空運輸成本與推展發電系統的高效率化、小型化、輕量化等技術的開發，以及確立微波輸電技術。

■核融合發電

　　使原子核對撞發生融合稱為核融合，核融合發生時會放出極大的能量。而所謂的核融合發電，就是要將這種能量轉為電力來利用。

　　因為核融合是帶正電荷原子核間的結合，所以核子間會互斥，再加上原子核外側還存在電子，所以核融合反應並不是那麼容易產生。最容易產生的核融合反應，是利用互斥力較小的氘D和氚T的組合，會使得兩者以 1000km/s 左右的超高速衝撞發生融合，融合後並產生氦和

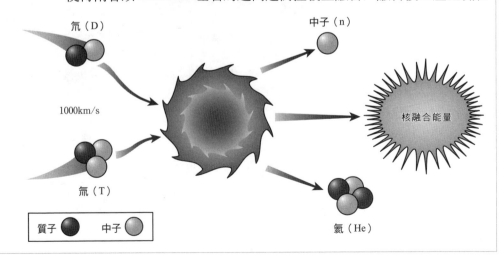

氘（D）　　　　　　　　　　　中子（n）

1000km/s

核融合能量

氚（T）

質子●　中子○

氦（He）

中子。這種條件下，使用 1 克的氘能產生相當於使用約 8 噸煤所產生的巨大能量。

在 10 萬℃以上的高溫時，電子會因為電離而離開原子核，這時的狀態稱為電漿。而要使原子核融合，就必須將電漿保持在極高的溫度，若是使用氘-氘，溫度約為 6 億℃左右，使用氘-氚的話則必須為 1 億℃左右。為此，必須將電漿以不會接觸核融合反應爐爐壁的方式約束起來，目前所研究的約束方法大致上分成利用磁力和利用慣性。利用磁力的代表性方法是一種稱為托卡馬克（環磁機）形式的約束方法，是利用由稱為環形線圈的線圈與電漿裡流動的環狀電流所構成的合成磁場，將電漿約束在甜甜圈狀的環狀部裡。

核融合發電技術的研究，僅依靠單一國家是無法克服成本面和技術性的問題，所以現在仍是透過國際合作的方式來進行。

■燃料電池

燃料電池是一種利用電化學反應，供應天然氣、甲醇、煤氣等燃料進行改質所得到的氫（燃料），讓氫與大氣中的氧，經由與水電解反應方向相反的反應，而進行直接發電的方式。燃料電池的輸出電力小，但其發電效率高達 40%～60%，若再加上廢熱的回收利用，其總效率甚至可以高達到 80%。雖然被稱為燃料電池，但事實上並沒有燃燒燃料。因此 NO_x（氮氧化物）和 SO_2（二氧化硫）等生成物很少，可以說非常環保。

燃料電池依其所使用的電解質的不同，有磷酸型、熔融碳酸鹽型、固態電解質型、固態高分子型等分類。目前所開發出的是 10000kW 等級的大型燃料電池，但近年來也有在進行家庭用及汽車用的小型固態高分子型燃料電池的研究。

■太陽能發電

太陽能發電是一種透過太陽能電池將太陽能直接轉換成電力的系統，因為它不需機器的運轉所以容易維護，加上採用的是模組化結構，所以還具有能夠配合需求和地形進行設計的優點。太陽能電池又稱光電池，是利用光伏打效應將光能量直接轉換成電力的裝置。除了主流的矽太陽電池之外，還有其他以各種化合物半導體等為材料製成的太

陽能電池，目前也都已經實用化了。只要有太陽光，不管是在什麼地方都能發電，且不論發電規模大小如何，發電效率都一樣。雖然太陽能發電目前還面臨著需成本上的降低成本上以及提升轉換效率等課題，但面對防止地球暖化問題上，是目前各界都積極採用的。

其中，日本目前有一個以電力公司為主，2萬kW等級的大規模太陽能發電計劃（MEGA SOLAR，日本NTT Facilities集團的太陽能發電計劃）正在建構中。

■風力發電

風力發電是利用風的力量（風力）發電的方式。風力是一種既乾淨又不會枯竭的能量，人們從過去就一直利用風力來推動風車和帆船等裝置。發電用風車大多是使用水平軸螺旋槳型，但依照用途也會選擇垂直軸風車（依風車翼片的形狀有打蛋形、直翼打蛋形、桶形等種類）。最近的發電用風車有大型化的傾向，以2500kW等級的為主。此外，放眼未來，目前也在研究海上的風力發電。

風力發電雖然有溫室效應氣體排放量少，以及運轉不需燃料、可連續使用等經濟面上的正面效果等優點，但也有其輸出會有變動的缺點，需要針點這點研擬解決的對策。

電器設備

■熱泵

自然界的水和空氣中存在許多可以利用的熱能。就如同泵將水汲起一樣，從那些熱裡汲出一些能量給空調和熱水器便用的技術就叫熱泵。

熱泵裝置的原理是以CO_2等作為冷媒，使冷媒經壓縮、膨脹，利用冷媒氣化和液化過程中急遽的溫度變化，來和外部空氣進行熱交換。

熱泵的效率以 COP（冷暖房等的能力〔kW〕消耗功率〔kW〕表示。COP4 代表能夠以 1kW 的功率產生 4kW 的冷暖房能力。因為熱泵的上述特性，使得獲得「對抗地球暖化的絕招」之稱號。

■LED照明

照明燈具包括燈泡和日光燈等等，而最近 LED（發光二極體）照明因其優異的特徵而受到矚目。

要說 LED 的特長，就是壽命長和體積小。而且因為辨視性佳，現在也被使用在交通號誌等裝置上面。LED的壽命大多為4萬小時左右，即使每天使用 10 個小時仍能用上 10 年。而且由於體積小，所以可以有多元的設計。此外，LED 發出的光幾乎不含紫外線和紅外線成分，因此也適合用在美術品等的照明上。其他優點還有能夠以低電壓點亮，亮度也容易調整。雖然為了獲得 LED 的高輸出而通以大電流時，會導致 LED 發熱量增加，而使發光效率下降；但最近技術的進步已使得發光效率有所提升，讓人期待其能為節能帶來更多貢獻。LED 成為照明燈具主流的日子應已不遠。

■電力線網際網路

一般是稱作高速電力線通信（Power Line Communication; PLC），是指以一般的電力線為傳輸載體來傳輸高速數據的技術。利用這項技術，除了透過網際網路之外，還可以透過室內配線來控制家庭內的家電設備。

其代表性的實現方法在原理上是利用所謂的電力線運送，連擬運

送的資訊一起送到一般的電燈線路的正弦波交流電裡。此外，藉由將提供各種服務的電腦與電表整合，便能夠控制經由家庭內室內配線而連接的電器。

雖然稱為電力線網際網路，但其網路形態並不只侷限在網際網路，也可以利用室內配線簡單地架構出所謂的家用網路。除此之外，也能夠提供瓦斯電力自動查表、家庭保全、節能資訊服務等各式各樣的服務。

國際上一般是將電力線網際網路作為一種利用高壓線路等，將網路資訊高速傳送至一般家庭的資訊傳輸手段來進行開發，在日本則因為電力線裡的雜訊和訊號衰減的影響，而只允許在室內使用。

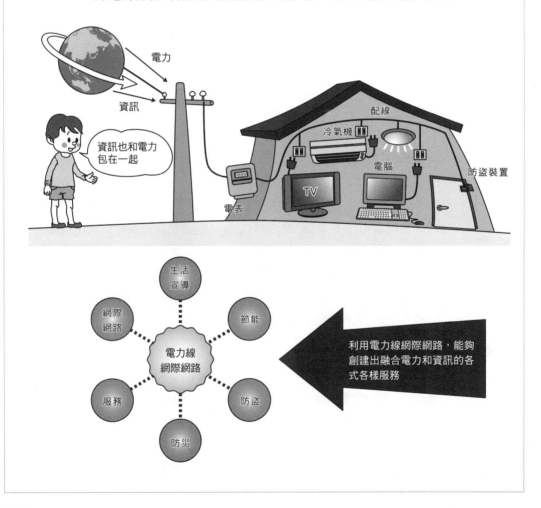

洋太大師的功力 **UP** 講座⑦
電氣迴路術語

基礎篇

電　荷	物質具有電時稱爲帶電，其帶電量就叫電荷。
離　子	即帶電的原子。原子本爲電中性，但會因電子數目的增減而帶正電（陽離子）或負電（陰離子）。
電　場	指電力作用的場。是靜電場的簡稱。
磁　場	指磁力作用的空間。磁力以磁力線表示，從N極出發進入S極。
電 磁 力	指磁場和電流交互作用之力。其力的方向可由佛來明左手定則求出。
電 磁 感 應	指當貫穿線圈的磁通量發生變化，線圈就會產生電動勢的現象。該電動勢的方向可由佛來明右手定則求出。
電 動 勢	指造成電位差使電流持續流動的力。
電 壓 降	當電流在一物質中流通，流出電流的節點的電位會比流入電流的節點的電位低，這電位的減少就叫電壓降，兩端點之間會產生該電壓降大小的電位差。
電　位	某地點相對於零電壓時的電壓。
電 位 差	某兩點間的電位之差，亦即電壓。
電　源	指電池和發電機等產生電壓使電流持續流通的裝置。
導　體	指能夠讓電流流通的物質。不讓電流流通的物質稱爲絕緣體。
負　載	指獲得電壓供給而消耗電能者。
串　聯	將電器等以縱向依序連接起來的方式。
並　聯	將電器的兩端分邊連接起來的方式。
交　流	家庭和工廠所使用的就是交流電，電壓與電流的方向和大小有週期性變化。
頻　率	交流電 1 秒內電壓（或電流）規則性交替變化的次數。日本市電的頻率，關東地區是 50Hz、關西地區是 60Hz。
週　期	交流頻率 1Hz 所需的時間。

有　效　值　在一電阻通上一段時間的交流電產生的熱能，和在相同時間內通上直流電產生的熱能等量時，這時的直流電大小就稱為該交流電的有效值。

💡 實用篇

接　　地　將電氣迴路或機器的一部分以導線連接至大地。接地的目的在於防止觸電和保護設備。

高 架 電 纜　即架設在電線桿等上的電線。另外，架設電線的作業稱為架線。

輸　　電　將電力從發電廠輸送到需要電力的地方附近的變電站。

短　　路　具有電位差的兩點直接連接時即稱為短路。

接 地 故 障　電氣迴路發生異常，造成具有電位的部分和大地之間產生電性連接。

配　　電　從配電用變電站到需要電力的地方之間的電力線路。

電 力 系 統　指從電力產生到電力消費的整個路徑。包含發電廠、輸電線、配電站、配電線等。

斷　路　器　在電力運轉中及發生故障時，使該部分和迴路分離的裝置。

避　雷　器　用以防止電力設備電壓因雷電而上升導致設備損壞的裝置。

單　　線　指使用單條圓剖面導線製成的電線。

絞　　線　使用數條至數十條單線扭絞而成的電線。這時的單線稱為素線。

礙　　子　將電線架設到電線桿、電塔等架設物上時，用來讓電線與架設物之間保持絕緣的裝置。是一種以陶瓷或玻璃等材質製成的絕緣體。

耐　電　流　指電流持續流通於電線時，不會使電線產生損傷的最大電流值。耐電流要依電線的物理性質、電線絕緣外層的耐溫、電線的布設狀況等來決定。

過　電　流　指大於電器或電線的電流負載能力以上的電流。包括過載電流與短路電流。

保　險　絲　用以保護電器不受過電流破壞的裝置。保險絲是以流通過電流時便會熔斷的電線（鉛或鉛錫合金等）所製成。

反用換流器（變頻器）將直流電力轉換成交流電力的電路。可見於冷氣機及變頻裝置裡。

換　流　器　指將交流轉換成直流或將交流電的頻率從50Hz轉換成60Hz的電路。

希臘字母

在電學理論和電路計算中常常會出現希臘字母。對於這些為數眾多且似曾相識的字母，不需要去記住它們的文法，所以不用覺得它們很難，慢慢熟悉即可。

大寫	小寫	讀法	主要的代表意義
A	α	Alpha	角度、係數、面積
B	β	Beta	角度、係數
Γ	γ	Gamma	角度、比重、電導係數
Δ	δ	Delta	微小變動、密度
E	ε	Epsilon	（小寫）自然對數的底＝ 2.71828、微小量、介電係數
Z	ζ	Zeta	（大寫）阻抗、垂直軸
H	η	Eta	（小寫）效率、磁滯係數
Θ	θ	Theta	角度、相位差、時間常數
I	ι	Iota	
K	κ	Kappa	（小寫）介電係數
Λ	λ	Lambda	（小寫）介電係數、波長
M	μ	Mu	（小寫）導磁係數、真空管放大率、微（百萬分之一）
N	ν	Nu	（小寫）磁阻係數
Ξ	ξ	Xi	
O	o	Omicron	
Π	π	Pi	圓周率（3.14159…）、角度
P	ρ	Rho	電阻係數
Σ	σ（ς）	Sigma	（大寫）總和、（小寫）電導係數
T	τ	Tau	時間常數、時間相位、力矩
Y	υ	Upsilon	
Φ	ϕ	Phi	（大寫）磁通量、（小寫）介電通量
X	χ	Chi	（大寫）電抗
Ψ	ψ	Psi	介電通量、相位差、角速度
Ω	ω	Omega	（大寫）電阻單位、（小寫）角速度＝ $2\pi f$

電氣迴路中的單位

公制是國際上所推薦採用的一種實用單位制度。公制也稱爲國際單位制，常以SI單位稱呼。

SI單位中有 7 個基本單位和 2 個輔助單位。2 個輔助單位分別是表示相位角等平面角的弧度（rad）以及表示三維立體角的球面度（sr）。另外還有從基本單位和輔助單位延伸的導出單位，導出單位之中有 17 個是使用和發現者或相關人士有關的特定名稱表示。使用 SI 單位時，必須依數值大小在單位前方加上前綴詞，此前綴詞代表的是 10 的整數倍。例如，1m的 1000 倍爲 1km，這時就是使用代表 1000 倍的「k（公里）」。近年來成爲話題的奈米技術，其名稱中的「奈（nano）」代表 10^{-9}，亦即 1/1,000,000,000，10 億分之一。

以下是和電學有關的導出單位及其定義。

1 伏特〔V〕   1A的恆定電流於一秒間所運載的電量。

1 法拉〔F〕   若一電容在充電 1C的電量時在兩電極間產生 1V電壓，則此電容的電容量爲 1 法拉。

1 亨利〔H〕   若一封閉迴路在流通以 1A/s的比率變化的電流時產生 1V的電動勢，則此封閉迴路的電感爲 1 亨利。

1 韋伯〔Wb〕   若與一圈封閉迴路交連的磁通量減少，而封閉迴路產生 1V 的電動勢時，則該磁通量於一秒間的變化量爲 1 韋伯。

1 乏〔var〕   在電路施加 1V 的正弦波電壓時，若流通和該電壓有 $\pi/2$ 相位差的 1A 正弦波電流，此時的無效功率爲 1 乏。

1 伏特安培〔VA〕   在電路施加 1V 的正弦波電壓時，若流通 1A 正弦波電流，此時的視在功率爲 1 伏特安培。

電氣迴路的圖形記號

　　電路中使用的圖形記號規定於JISC0617標準中。下表列出具代表性的符號，將這些符號的畫法也學起來吧。

圖形記號	說明
‐‐‐ ‐ ‐‐‐	直流
〜 〜 50Hz 〜 100...600kHz	交流 例 交流 50 Hz 交流頻率範圍 100Hz〜600kHz
⏚	接地 （一般符號）
⏚	機框接地、機殼 可以將表示機框或機殼的線加粗後省略斜線
⊖	理想電流源
⊖	理想電壓源
⚡	故障（假想的故障地點）
⚡	閃絡、破壞
•	連接點、連接部位
○	端子
(M 3〜)	三相鼠籠型感應電動機
(✱) （例） (V) （電壓計）	指示量測儀器 星號替換成下列其中一者 ●表示量測單位的文字記號或該單位的倍數或約數 ●表示量測的文字記號　●化學式　●圖形記號
(A)	電流計
(↑)	檢流計
(W)	功率計
(Ω)	電阻計

（JIS C 0617 摘錄）

圖形記號	說明
	電燈　　IN：白熾燈　　Ne：霓虹燈　　EL：日光燈　　Hg：水銀燈
	半導體二極體（一般圖形記號）
	發光二極體（LED）（一般圖形記號）
	電阻器（一般圖形記號）
	可變電阻器（一般圖形記號）
	電容
	可變電容
	電感、線圈、繞組、扼流器（電抗器） 例 磁芯電感
樣式 1 樣式 2	雙繞組變壓器 例 雙繞組變壓器（標示有瞬間電壓極性）
樣式 1 樣式 2	三繞組變壓器
	一次電池、二次電池、一次電池或二次電池 〔長線表示正極（＋），短線表示負極（－）〕
	保險絲（一般圖形記號）
	有保險絲開關
	有保險絲斷路器
	放電間隙
	避雷器

（JIS C 0617 摘錄）

終幕

洋太大師，這台機器是什麼啊？

金光閃閃的！看起來好像是花了不少錢才建造出來的呢。

哇啊

喂！你們幾個會幫忙把這玩意兒弄走對吧？要不然我可是會再罷工哦。

匡隆

匡隆

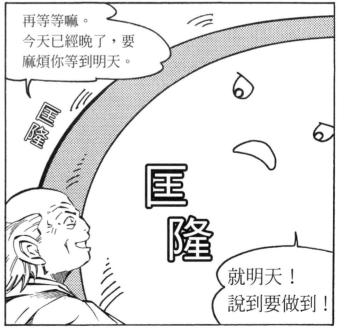

再等等嘛。今天已經晚了，要麻煩你等到明天。

匡隆

匡隆

就明天！說到要做到！

哇！好美啊！

沒想到電燈點亮後是這麼美。

你看！我們村裡那邊的燈也都亮了起來！

這全都是我們的功勞！

我們真的很努力呢。而且還把學費和生活費都賺到手了。

最令人高興的是，電路的知識功力大增！

真的很美呢。

阿麗，要是我們能夠平安回去，請和我……

緊握

完成了！

躲 躲 躲

冒汗 冒汗 冒汗 冒汗

電腦修好了！

開機都沒問題嗎？

正經 哼 呵呵

還沒那麼快。這裡只找得到馬車的電源，但不合電腦的電源規格。

所以等明天到發電廠再看看能不能開機。

喂!水車!
這地方借我
用一下。

隨便你,不過
說好的事不要忘了。

匡隆

很好,看來
電腦沒有問
題。

嗡～

嗒嗒

找到了,
就是這個。

嗡～

嗡～

咦?

這是什麼?
好有趣唷。

好多開關喲!

嗒嗒

索 引

Notes

國家圖書館出版品預行編目資料

世界第一簡單電路學／飯田芳一作；陳銘博譯.
-- 初版. -- 新北市：世茂，2012.07
面；　公分. （科學視界；115）

ISBN 978-986-6097-49-2（平裝）

1. 電路

448.62　　　　　　　　　　101001637

科學視界 115

世界第一簡單電路學

作　　　者／飯田芳一
審　　　訂／葉隆吉
譯　　　者／陳銘博
主　　　編／簡玉芬
責任編輯／謝翠鈺
出 版 者／世茂出版有限公司
負 責 人／簡泰雄
地　　　址／（231）新北市新店區民生路 19 號 5 樓
電　　　話／（02）2218-3277
傳　　　真／（02）2218-3239（訂書專線）、（02）2218-7539
劃撥帳號／19911841
戶　　　名／世茂出版有限公司
　　　　　　單次郵購總金額未滿 500 元（含），請加 60 元掛號費
酷 書 網／www.coolbooks.com.tw
排版製版／辰皓國際出版製作有限公司
印　　　刷／世和印製企業有限公司
初版一刷／2012 年 7 月
　　五刷／2021 年 10 月

I S B N ／ 978-986-6097-49-2
定　　　價／320 元

Original Japanese edition
Manga de Wakaru Denki Kairo
By Yoshikazu Iida and g.Grape
Copyright © 2010 by Yoshikazu Iida and g.Grape
published by Ohmsha, Ltd.
This Chinese Language edition co-published by Ohmsha, Ltd.
and Shy Mau Publishing Comany.,Taipei.
Copyright ©2012
All rights reserved.